KB155389

오늘도 아이와 산으로 갑니다

오늘도 아이와 산으로 갑니다

내면이 건강한 아이로 키우는 백패킹 육아

1판 1쇄 인쇄 2024. 02. 01
1판 1쇄 발행 2024. 02. 13

지은이 박준형
발행인 강미선
편집 강미선 디자인 표지 ARIA 본문 윤미정

발행처 선스토리
등록 2019년 10월 29일 (제2019-000168호)
전화 031)994-2532

값은 뒤표지에 있습니다.
ISBN 979-11-981603-6-2 (03590)

이메일 sunstory2020@naver.com

매일 어김없이 떠올라 세상을 비추는 해처럼
선하고 이로운 이야기를 꾸준히 전합니다.

내면이 건강한 아이로 키우는
백패킹 육아

프롤로그 Prologue

아이와 함께 걷기로 결심했습니다

아이와 함께 배낭을 메고 자연 속으로 떠나는 캠핑.

막연한 로망으로 끝났을지도 모를 여정이 현실로 다가왔습니다. 집 안에만 머무르기에는 죄의식이 밀려드는 맑은 날은 물론이고, 비바람이 매섭게 몰아치거나 시베리아급 강추위가 기승을 부릴 때도, 저와 아들은 각자의 몸집만 한 배낭을 짊어지고 자연과 함께했습니다.

미국의 존 뮤어 트레일이나 캐나다의 웨스트 코스트 트레일 같은 거창한 여정을 꿈꾸었던 건 아니었습니다. 누구나 마음먹으면 발 닿을 수 있는 국내의 산과 섬에서 시작했어요. 때론 지척의 낮은 산에 오르기도 하고 때론 조금 멀고 높은 산을 탐내보기도 했습니다.

영국의 비평가 존 드라이든은 "처음 습관은 우리가 만들지만, 나중엔 습관이 우리를 만든다."라고 말했습니다. 초등학교 1학년 첫 습관이 앞으로의 6년을 좌우하고, 초등 6년의 습관이 평생을 좌우한다고 해요. 그만큼 습관이 중요하다는 말이겠죠. 주말이 돌아오면 아이는 어느 날부턴가 습관처럼 자연을 찾기 시작했습니다. "이번 주말에 키즈카페 갈까? 산에 갈까?"라고 물을 때, "키카"를 먼저 외치는 것이 아니라 "어느 산으로 갈 건데? 백패킹이야, 당일 산행이야?"라며 고민합니다. 아직 키카가 한참 좋을 나이인데 말이죠.

든든한 말동무였던 다섯 살 아들은 여섯 살이 되고 일곱 살이 되며 초등학생이 되었습니다. "우리 언제 정상 도착해?"를 수없이 반복하던 다섯 살이 엊그제 같은데, 지난 주말에는 고작 초등학교 1학년 주제에 어엿한 저의 산우山友로서 성인들도 쉽지 않을 국립공원 등산로를 아홉 시간에 걸쳐 함께 완주했습니다. 계절에 맞는 복장을 고민하고 자신이 짊어지고 갈 무게를 확인한 후 걸어야 할 거리를 계산해 체력을 안배하며 산길을 걷는 일곱 살의 오늘은 아마도 지난 2년간 몸에 밴 습관에서 비롯되었을 겁니다. 아들의 유년기를 수놓은 산행과 백패킹을 통해 체득한 건강한 습관은 앞으로 헤쳐나아갈 삶에 중요한 기본기가 될 것이라 믿습니다.

오늘날의 양육 환경은 제가 자라고 성장했던 과거와는 사뭇 다릅니다. '일터에 나가 돈만 벌어오면 가족이 행복하겠지.'

라는 마음가짐은 아마도 저희 부모님 세대의 이야기가 아닐까요? 직업을 선택함에 있어 연봉이나 적성과 함께 워라밸이 대두되는 시대입니다. 부모와 아이가 함께 웃고 같이 즐기며 더불어 성장하는 환경이 도래한 것이죠. 유년기의 자녀에게 아빠의 역할은 매우 중요합니다. 어릴 적 아빠와 함께 보내는 시간은 아이들로 하여금 상황에 맞는 건강한 언어와 행동, 문제해결 능력을 체득할 좋은 기회를 부여합니다. 이는 훗날 공동체 사회에서도 올바른 관계를 유지하고 유기적인 연대감을 형성하는 밑거름이 될 것입니다.

언젠가 제가 한 아이의 아빠가 된다면 스마트폰과 비디오게임이 아이를 지배하는 빽빽한 빌딩숲의 놀이터보다는 나무, 흙, 돌멩이 따위를 만지며 뛰놀 수 있는 자연환경에서 키우겠다 꿈꿨던 적이 있습니다. 교육환경도 중요하고 배움도 놓칠 수 없지만, 그전에 올바른 마음가짐과 건강한 정신을 길러주고자 했어요. 하지만 현실은 저희 가족을 신도시의 대단지 아파트로 밀어넣었습니다. 비록 삶의 환경을 송두리째 바꿀 수는 없었지만, 여가 시간만큼이라도 아이가 자연을 느끼고 호흡하며 누릴 수 있는 환경을 조성해주고 싶었습니다. 그래서 전 아이와 함께 걷기로 결심했습니다.

이 책에서는 아빠와 함께 배낭을 메고 산으로 떠난 다섯 살 꼬마와 그의 아빠가 사계절의 신비를 경험하며 자연을 즐기는 어엿한 부자父子 백패커로 성장하는 과정을 보여드리려 합니다. 백패킹 정보를 담은 책은 아닙니다. 야외 활동을 통해 자연의 섭리를 깨우치고, 자아를 발견하는 아빠와 아들의 이야기입니다. 낮고 높은 산에서의 성취는 자존감을 고취시키고, 함께 걷는 시간은 아빠와 아들이 서로 소통하는 방법을 찾아줍니다.

꼬마 백패커가 흘린 땀방울과 더불어 그의 조력자이자 동반자였던 아빠 백패커가 겪은 시행착오와 고민, 노하우가 녹아 있습니다. 모쪼록 저희 부자의 경험이 자녀와 함께 자연을 탐닉하고자 하는 부모에게 선한 영향력을 미치기를 희망하며, 더 많은 아이들이 도심 속 빌딩숲을 떠나 자연과 함께 호흡하며 성장하는 계기가 되길 바랍니다.

차례 | contents

Chapter 1

다섯 살 아들, 여섯 살 아빠

아빠와
둘이 캠핑 가도
괜찮겠어?

어린이날을 앞둔 2021년 어느 날.

"아들, 혹시 이번 어린이날에 받고 싶은 선물 있어?"

여느 또래 아이들이 그러하듯 변신 장난감을 좋아하는 만 다섯 살 아들에게 물었다. 지난해 발 빠른 부모들로 인해 품절의 아픔을 겪고 뒤늦게 중고장터를 뒤져본 경험이 있던 터라 올해는 기필코 미리 선물을 준비해두고 싶었다. 아들의 입을 바라보며 '바로 찾아 구매 버튼을 누르리라!' 마음먹고 있던 찰나, 돌아온 아들의 대답은 예상 밖이었다.

"음…… 아빠, 나 이번 어린이날에는 캠핑 가고 싶어!"

캠핑.

지난해 여름 무렵, 아내의 둘째 임신 소식과 함께 캠핑은 자연스레 휴식기를 맞았다. 아내의 임신을 확인하고부터 캠핑을 쉬어왔으니, 마지막 캠핑을 다녀온 지도 벌써 일 년 가까운 시간이 흘렀다. 텐트에서 맞이하는 상쾌한 아침이, 쉴 새 없이 지저귀는 산새 소리가, 또 엄마와 아빠가 오롯이 자신에게 집중해주는 시간이 아들은 그리웠던 걸까. 일상에선 회사 일과 집안일 사이를 분주히 오가는 부모였지만, 캠핑장에서만큼은 아들이 지쳐 잠들 때까지 온 힘을 다해 함께 놀았던 아빠와 엄마였기에 캠핑을 가고 싶어하는 다섯 살의 마음도 충분히 이해됐다.

하지만 지금 상황은 그때와 사뭇 다르다. 이제 우리는 세 식구가 아니다. 아직 밤과 낮을 구분 못 하고 먹고 자고 싸고 또 먹기를 반복하는 생후 60일이 갓 지난, 다섯 살 터울의 어린 동생이 생겼기 때문이다. 게다가 끝이 보이지 않는 감염병의 대유행으로 해외 여행길이 막힌 다수의 여행러들이 캠핑에 입문하며 캠핑족이 폭발적으로 늘어난 시기였다. 평이 좋은 캠핑장은 알아볼 새도 없이 예약이 마감되기 일쑤였고 국립공원 야영장과 지자체 휴양림은 올바른 거리두기 문화 정착이라는 정부 시책에 따라 평소의 절반 규모만 운영하고 있었으니, 수요와 공급의 저울이 걷잡을 수 없이 기울어졌다. 야영장 예약의 어려움은 차치하고라도, 아직 마스크도 쓸 수 없는 갓난아기와 캠핑장에서의 하룻밤은 아빠에게도 엄마에게도 현실적으로 불가능한 도전이었다.

하지만 아들은 캠핑을 원했다. 동생의 탄생으로 혹시나 상대적 박탈감을 느끼지는 않을까 염려했던 지난 두 달간, 첫째로서 또 오빠로서 닥쳐온 변화를 의연하게 받아들여 준 다섯 살에게 이번 어린이날만큼은 행복을 선물해주고 싶었다. 어떤 장난감이든 반드시 구해서 안겨주겠다고 의지를 불태우고 있었는데 '캠핑'이라니…… 머리가 복잡해졌다.

아내와 상의했다. 잠시 생각에 잠긴 아내는 '그럼 둘이 다녀오면 되지!'라는 현답을 내어놓았다.

아빠와 아들, 둘만의 캠핑이라……. 고민 끝에 조심스레 아들에게 물었다.

"혹시 아빠와 단둘이 가는 캠핑도 괜찮을까?"

아빠는
가서 계속 일만
할 거잖아

“혹시 아빠와 단둘이 가는 캠핑도 괜찮을까?”라는 질문은 아빠가 텐트 등의 장비를 세팅하고 철수하는 짧지 않은 시간을 엄마 없이 혼자서 기다려 줄 수 있겠냐는 의미가 포함되어 있었다. 이런 아빠의 마음을 꿰뚫어보기라도 한 듯, 아들은 “아빠는 가서 계속 일만 할 거잖아!”라며 도리도리 고개를 저었다.

그도 그럴 것이 캠핑장에 도착해서 타프와 텐트를 설치하고 테이블과 체어, 잠자리까지, 모든 정리를 마치고 체어에 앉아 시원한 음료 한 잔을 마시기까지는 서둘러도 한 시간을 훌쩍 넘긴다. 세팅을 하고 나면 저녁을 준비해야 하고, 저녁을 먹고 나면 뒷정리를 해야 한다. 계속해서 움직여야 하는 아빠가 자신과 함께 놀지 못할 거란 걱정이 들 법도 했다.

"그럼, 아빠가 텐트 설치 시간을 30분 이내로 줄여볼게. 우리 같이 텐트도 치고 정리도 하고, 다 함께 해보자. 정리 후에는 같이 게임도 하고 놀이도 하고! 어때?"

"30분 이내?" 하고 고개를 갸웃거리는 아들에게 "30분이란 한 시간의 절반인데, 그러니까 네가 영어학원에서 수업을 듣는 시간이랑 비슷해."라고 설명하니 그제야 "좋아! 둘이 가보자!" 하고 고개를 끄덕였다.

아들과 단둘이 함께하는 첫 캠핑. 그렇게 5월 5일 어린이날의 계획이 생겼다.

이제 어디로 갈지 고민을 시작했다. 새로운 곳으로의 모험과 도전도 나쁘지 않지만, 우선 아들이 익숙한 캠핑장이 좋을 것 같았다. 함께 다녔던 곳은 대부분 시설과 환경이 빼어난 캠핑장 중에서도 소위 '관리가 잘되는', 즉 '밤 10시부터 아침 8시까지의 취침'을 보장해주는 매너 타임이 잘 지켜지는 캠핑장이었다. 하지만 그런 인기 캠핑장이 어린이날 대목에 비어있을 리가 없었다. 떠오르는 곳의 사이트는 역시나 모두 마감이었다. 혹시나 자리가 없어 못 가는 건 아닐까. 국립공원 야영장으로 눈을 돌렸다.

자연을 만끽하기에 최고의 환경이라고 생각하는 덕유산 국립공원 '덕유대야영장'. 덕유산 향적봉의 북동쪽에 위치한 월하탄계곡을 마주하고 있는 덕유대야영장은 1영지부터 7영지까지, 총 500여 개의 사이트를 보유한 국립공원 야영장 중

최대 규모다. 그럼에도 예약일이면 희망자가 몰려 추첨을 통해서야 겨우 사이트를 배정받을 수 있는 곳이다. 큰 기대 없이 국립공원 예약시스템에 들어가보았는데 예약 가능한 사이트가 있었다. 비어있던 사이트는 2영지 55번. 붙어있는 이웃이 없는 독립된 위치에, 개수대와 화장실이 멀지 않고 주차장에서도 스무 걸음 남짓한 거리였다. 5월 5일 어린이날, 55번 사이트라니! 이건 운명이야! 고민 없이 바로 예약을 했다.

아들이 손꼽아 기다렸던 화창한 5월의 어린이날, 우린 싱그러운 숲 내음을 맡으며 덕유대에 도착했다. 비록 목표했던 30분을 달성할 순 없었지만, 한 시간이 채 되기 전에 아들과 텐트 앞에 마주 앉아 시원한 음료를 함께할 수 있었다. 적절한 역할 분담 덕에 아들도 무언가 자신의 몫을 해냈다는 뿌듯함을 느끼는 것 같았다.

여느 오토캠핑장과 달리 진짜배기 자연에 둘러싸인 덕유대의 환경은 내가 오롯이 아들에게 집중할 수 있도록 만들어주었다. 돌멩이 진지 구축, 나뭇가지 칼싸움, 곤충 집짓기 등등, 먹고 마시고 잠자는 시간 외의 모든 시간을 나무, 돌, 흙을 이용한 자연물 놀이에 매진했다. 서로의 호칭은 '장군'이었다.

"이보게 꼬마 장군, 여기 성벽을 쌓으려면 조금 더 크고 튼튼한 돌이 필요하겠어!"

"알았어! 내가 큰 돌을 찾아올게! 아빠 장군은 잘 지키고 있어!"

우리는 서로를 '장군'이라고 부르며
자연물 놀이에 매진했다.

진지 구축을 마친 뒤에는 돌연 내란이 일어났다. 기다란 나무를 움켜쥔 아들이 눈을 부릅뜨고 이렇게 말했다.

"덤벼라, 아빠 장군!"

그렇게 어제의 동료는 오늘의 적군이 되었고, 얼마 지나지 않아 다시 친구가 되었다.

이튿날 느긋하게 아침을 먹은 우리는, 여기까지 왔는데 그냥 갈 수 없다며 부지런히 정리를 마치고 덕유산으로 향했다. 아들과 함께 곤도라를 타고 오르는 해발 1,614m의 기쁨을 누려보고 싶었기 때문이다. 덕유산리조트에 도착해 곤도라 티켓을 구매하고 탑승했다. 개표구 직원이 아들을 보자 어린이날을 축하한다며 힘내서 아빠와 꼭 정상에 다녀오라고 용기를 북돋아주었다. 캠핑장에서 깎아온 사과를 우물거리며 곤도라를 타고 오르기를 15분, 승강장에 발을 디디니 사뭇 다른 공기가 온몸을 휘감았다. 도착지인 설천봉은 이미 해발 1,520m다. 이곳부터 덕유산 향적봉까지는 왕복 2km가 채 되지 않는다. 아들은 한 손에는 등산스틱을, 다른 한 손으로는 난간과 아빠의 손을 번갈아 잡으며 한 계단 한 계단 딛고 오르기 시작했다. 30분쯤 걸었을까? 모자가 벗겨질 듯 불어대는 바람과 함께 향

적봉 이정표가 시야에 들어왔다. 선선한 바람을 맞으며 오늘을 추억할 인증 사진을 남기고, 한 모금 물로 목을 축였다. 둘만의 여정, 성공이다!

모처럼의 긴 여행을 보낸 후 집에 돌아와 침대에 누운 다섯 살은 어제오늘의 덕유대를 추억하듯 멍하니 천장을 바라보다가, 내 귓전에 나지막이 이렇게 속삭였다.

"다음 주에도 아빠랑 둘이 캠핑 또 가면 좋겠다!"

둘만의 여정에 용기가 생기다

나만의 비트와 템포로 정신없이 달려온 10대와 20대. 짙은 운무에 뒤덮여 한 치 앞만 겨우 보이는 이른 아침의 산길을 달려오기도 했고, 좌우가 분간되지 않는 어두운 밤의 내리막길을 달리다 넘어져 구르기도 했다. 미처 주변에 관심을 가질 여력이 없어서 그랬는지, 관심을 가지고 싶지 않아서 그랬는지, 학창 시절의 기억은 드문드문하다.

어린 시절 산악자전거에 몰두하며 두 바퀴로 달리던 산을 성인이 되어 두 발로 걷기 시작하자, 비로소 주위를 둘러볼 여유가 생겼다. 산을 걷다 친구를 만났고 산을 걷다 연인을 만났으며, 산을 걷다 결혼을 했고 산을 걷다 가족을 이루었다.

서울에서 나고 자란 나는 결혼하며 처음으로 수도권 밖에서의 삶을 시작했다. 인구 39만 명의 작지만 단단한 대한민국의 행정수도, 행정중심복합도시 세종. 중심부에는 전월산과 원수산이 솟아 있고, 구릉지대인 북쪽으로는 해발고도 300m를 넘나드는 아기자기한 산들이 즐비하다. 남쪽으로 30분 거리에 계룡산이 있고, 동쪽의 속리산과 서쪽의 오서산까지는 한 시간 남짓이면 다다를 수 있다. 교외로 한 번 나가려면 교통 체증으로 진통을 겪던 서울에서의 삶에 비하면 세종은 낙원 같았다.

이 좋은 환경을 두고 주말에 집에만, 동네에만 머무를 수는 없었다. 2016년 가을 무렵, 생후 200일이 채 되지 않은 아들을 둘러업고 도전한 세종시 둘레길 트레킹을 시작으로, 12월 결혼기념일에는 전북 부안의 내변산을 오르기도 했다. 2017년 첫돌이 지난 아들은 걸음마를 시작하며 아빠와 엄마의 손을 잡고 산길을 걸었다. 걷다 업히다, 안기다 걷기를 반복하던 아들은 자신의 네 번째 생일을 한 달여 남긴 2020년 3월, 드디어 처음 스스로의 힘으로 작은 산의 정상에 올랐다.

그 후로도 우리 가족은 특별한 일정이 없는 주말이면 늘 산에 올랐다. 엄마와 함께 오르는 날도 없지는 않았지만, 아내의 휴식권을 존중해주기 위해 아들과 둘이 나서는 날이 더 많았다. 맑은 날도 있었고 소나기를 맞던 날도, 발목 높이까지 눈이 쌓인 추운 겨울날도 있었다. 그 모든 날에 나와 아들은 산을 찾았다. 힘들다며 칭얼거린 적도 있지만, 정상에 올라서면 언제 그랬냐는 듯 밝은 표정으로 브이를 그리며 카메라 앞에서 포즈를 취했다. 오늘의 보람을 느끼고 내일의 산행을 기대하는 삶은 지친 일상의 활력이었다.

매 주말 이어진 야외활동에도 불구하고, 어린 아들의 성향과 취향은 동적이기보다 정적이었다. 수줍음도 많은 편이었다. 그런 아들에게 산에 다니며 마주하는 어른들과 주고받는 "안녕하세요."라는 한마디 인사는 사회성을 기르는 좋은 훈련이 되었다. 어린 꼬마가 등산화와 등산복을 갖춰 입고 산을 오르내리는 것이 기특했는지, 지나가는 어른들은 "어이쿠, 꼬마가 대단하네!", "이야, 넌 장래에 훌륭한 인물이 되겠다!"라며 덕담을 한마디씩 건네주곤 했다. 처음엔 쑥스러워하며 몸 둘 바 몰라 하던 아들도 차츰 "감사합니다!", "고맙습니다!", "조심히 내려가세요!"라고 대답하는 여유가 생겼다.

어느 날 하산길에 우리는 산을 오르는 한 남성과 마주쳤다. 해가 뉘엿하던 때에, 쌀 한 가마니쯤 되어 보이는 거대한 배낭을 둘러메고 밝은 표정으로 인사를 건네며 홀로 산을 오르던 그의 뒷모습은 가히 찬엄했다.

"아빠, 저 아저씨는 왜 지금 산에 올라가는 거야?"

아들이 내게 물었다.

"아마 저 아저씨는 오늘 올라가서 내일 내려오려는 걸 거야. 백패킹Backpacking이라는 건데, 나중에 아들이 조금 더 크면 아빠랑 같이 해볼까?"

밀려오는 어둠에 뒤를 밟힐까 걸음을 재촉하며 답했다.

백패킹은 말 그대로 '백팩', 즉 배낭에 야영 장비를 넣고 떠나는 여행을 일컫는다. 보편적으로 1박 이상의 야영을 포함하여 산과 섬, 해안길 등을 걷는 여행을 지칭한다. 지나가듯 주고받은 얘기였지만 그날 이후로 난 백패킹이라는 세계를 찾아보며 동경하게 되었다.

'아들과 함께 배낭을 메고 산으로 떠난다?'

상상을 거듭할수록 커다란 배낭을 짊어진 나와 아들의 모습이 눈앞에 아른거렸다. 하지만 현실의 벽은 결코 낮지 않았다. 곧잘 산행을 하는 아들이었지만, 성인에 비하면 걸음마 수준이었다. 더군다나 네 살 아이와 야산에 올라 텐트를 치고 야영을 한다는 말에 곱게 등 떠밀어줄 엄마는 세상에 몇 없을 거다. 게다가 하룻밤의 오토캠핑을 위해 자동차 트렁크도 모자라 좌석 구석구석까지 구겨 넣어야 하는 수많은 캠핑 장비를 달랑 배낭 하나에 짊어지고 떠난다? 이 또한 선뜻 계산이 서지 않았다. 언젠가 아들이 조금 더 크면, 그때 다시 고민해보리라 생각하며 백패킹을 향해 타오르던 투지를 잠시 접어두었다.

그 후로 일 년이 지났다. 다섯 살 어린이날의 예기치 못한 부자 캠핑을 시작으로, '아빠와 함께 캠핑을 또 갔으면 좋겠다'는 아들의 바람에 부응하기 위해 연거푸

두 번의 캠핑을 더 다녀왔다.

나름 아들과 꽤 친한 아빠라 자부했지만, 사실 엄마 없이 보낸 남자 둘만의 첫 외박은 적잖은 긴장의 연속이었다. 그도 그럴 것이 아들과 단둘이 밤을 보냈던 건 고열로 입원했던 병실에서가 전부였으니까.

그랬던 우리가 이제 제법 친해졌다. 덕유대야영장에 이어 전월산 국민여가캠핑장 그리고 금강 자연휴양림에서 세 번의 부자 캠핑을 겪으며 긴장은 희미해졌고, 즐거움과 기대감이 커졌다. 아빠와 아들, 둘만의 여정에 용기가 생긴 거다.

문득 아들과 함께하는 백패킹에 도전한다면 지금이 가장 적기라는 생각이 들었다. 엊그제 생일이 지나 만 다섯 살이 된 아들의 체력과 에너지는 날을 거듭할수록 넘쳐났고, 자연 속에서의 하룻밤은 서로가 거리를 두어야 하는 팬데믹 상황에서 제일 나은 선택일 것 같았다. 최근 곧잘 아빠를 따르는 아들 덕분에 우리의 여정을 바라보는 아내의 시선도 어느 때보다 호의적이었고, 때마침 소위 '100일의 기적'이라 불리우는 '통 잠'을 자기 시작한 둘째 덕분에 아내에게 조금은 덜 미안한 마음으로 집을 떠날 수 있을 것 같았다.

한날 침대에 누워 잠들 준비를 하는 아들에게 물었다.

"아들, 우리 배낭 메고 산으로 캠핑 가볼까?"

그랬던 우리가 이제 제법 친해졌다.
아빠와 아들, 둘만의 여정에 용기가 생긴 거다.

배낭의 짐보다 설렘이 더 커서 괜찮아

"좋아! 언제?"

등산에 대한 거부감이 없어서인지, 아빠와 함께하는 캠핑이 좋았던 건지, 망설임 없이 흔쾌히 대답해준 다섯 살 아들에게 고마운 마음으로 달력 앞에 섰다.

"음, 다음 주말 어떨까? 토요일에 올라가서 일요일에 내려오자!"

5월 22일 토요일. 그렇게 디데이는 정해졌다. 배낭을 메고 산으로 가는 캠핑. 바로 아들과의 첫 백패킹이다. 처음이라는 상황과 시작이라는 도전은 늘 설렘과 긴장의 연속이다.

문득 아내와 함께했던 첫 캠핑이 떠올랐다. 연인 사이였던 십여 년 전, 우린 참 용감한 캠퍼였다. 지금 돌아보면 정말

낮 뜨거운 장비와 용품을 들고 우린 산에서 바다에서 섬에서, 때로는 휴대전화 신호가 닿지 않던 벽오지 산중에서, 어느 날은 도보 거리에 편의 시설이 즐비한 관광지에서 캠핑을 즐겼다. 아내와의 첫 캠핑은 서울에서 멀지 않은 서해안의 바닷가였다. 대형마트에서 산 텐트와 매트, 침낭, 은박 돗자리, 버너만 들고 떠난 무모한 도전이었다. 체어도 테이블도 없었다. 요즘 유행하는 감성 캠핑과는 거리가 멀어도 너무 먼, 춥고 배고프고 어둡고 번거롭고 불편한 캠핑이었지만 낭만만큼은 충분했다. 비록 이후 수일 동안 이비인후과를 들락거리며 감기약 신세를 졌지만 말이다.

물론 이건 어디까지나 우리가 성인이었고 연인이었기에 감내하고 즐길 수 있었던 거다. 만약 캠핑 후 아이가 감기로 고생한다면? 아이를 고생시켰다는 미안함과 죄책감에 몹시 시달릴 게 뻔했다. 그렇기에 젊은 시절처럼 호기롭게 덤벼들 순 없었다.

나는 마치 입학을 앞둔 신입생의 마음으로 아들과의 첫 출정을 위한 고민을 시작했다.

[의] 등산복, 등산화, 모자, 방한 의류, 여벌 옷과 양말

[식] 저녁거리, 아침거리, 간식거리, 식수, 음료, 보온병

[주] 텐트, 침낭, 매트, 랜턴, 체어, 테이블, 배낭

일단 입을 것과 먹을 것, 그리고 야영 장비 순으로 생각했다. 꾸준히 산행을 즐겨왔기에 다행히 옷은 준비되어 있었다. 빠른 건조가 가능한 기능성 티셔츠와 바지, 발목을 단단히 잡아주는 등산화, 그리고 햇빛과 낙하물로부터 머리와 얼굴을 보호해줄 모자도 필수다. 산행 후 옷이 땀에 젖을 것을 대비한 여벌 상하의와 속옷, 그리고 양말도 잊지 않았다. 산중의 밤은 도시의 밤보다 기온이 낮으니 일몰 이후의 쌀쌀한 밤을 대비해서 덧입을 경량 패딩 재킷과 도톰한 바지도 챙겼다.

먹거리는 다행히 화기를 사용하지 않는, 아니 사용할 수 없는 백패킹의 정서를 전제하면 그리 어렵지 않았다. 선택의 폭이 넓지 않아 오히려 준비하기 편했다. 평소 아들이 먹고 싶어 하던 메뉴를 준비하면 좋아할 것 같았다. 저녁으로는 컵라면과 마트표 족발을, 아침으로는 빵과 사과를 선택하고 방울토마토와 오이, 초코바 등 약간의 간식을 챙겼다. 마실 것은 컵라면을 위한 보온병의 온수를 제외하고, 각자의 음료와 물의 총량이 약 1L가 되도록 준비했다.

야영 장비는 보유한 것과 새롭게 구비해야 하는 것으로 다시 나눴다.

[보유 중인 것] 텐트, 침낭(아빠), 체어, 랜턴, 배낭

[구비해야 할 것] 침낭(아들), 매트, 테이블

다행히 나에게는 2kg대의 작고 가벼운 2인용 알파인 텐트가 있었고, 최근 미니멀 캠핑을 지향하며 사용하던 경량 체어와 랜턴은 백패킹에서도 사용할 수 있을 듯했다. 아들에게는 평소 산행 시에 메던 12L 등산 배낭이, 나에게는 오래전 배낭 여행을 다닐 때 사용하던 55L 배낭이 있었는데, 이번 짐을 모두 소화할 수 있을지 미지수였다.

오토캠핑을 다니며 사용하던 솜 침낭이 몇 개 있었지만, 배낭에 짊어지고 다닐 만한 부피와 무게의 침낭은 하나뿐이어서 추가로 침낭을 구매해야 했다. 매트와 테이블도 필요했다. 먼 거리를 두 발로 횡단하는 백패커에게 체어나 테이블 따위는 사치품이겠지만, 아이의 쉼을 고려해야 하는 아빠 백패커에게 편안한 휴식 공간은 중요한 이슈다. 고민 끝에 아들이 사용할 구스(거위털) 침낭 한 개와 폴리에틸렌 소재의 접이식 엠보싱 매트리스 한 쌍을 구매했다. 체어와 같은 브랜드의 테이블까지 구매하고 나니 어느 정도 구색은 갖춰진 듯했다.

이제 실전과 같이 배낭에 패킹해보았다. 텐트와 침낭, 매트, 랜턴, 체어와 테이블, 먹거리와 식수, 음료, 보온병까지. 두 명분의 장비를 모두 나의 55L 배낭에 담으려니 공간이 턱없이 부족했다. 아들의 12L 배낭은 여벌 옷과 양말, 방한 재킷, 작은

장난감, 그리고 이동하면서 먹을 간식과 식수로 이미 가득 찼다. 어쩔 수 없이 텐트는 배낭 헤드에, 두 개의 매트는 배낭 아래에 외부 결속하고 어깨에 둘러메어 보았다. 혹시나 산행 중에 불편하지는 않을지, 외부 결속한 매트와 텐트가 탈락하지는 않을지, 무려 20kg에 육박하는 배낭을 메고 산을 오르는 일이 과연 가능한 건지 걱정된 나는 아들과 함께 배낭을 메고 집을 나섰다.

내가 사는 아파트는 25층 건물이다. 엘리베이터를 타고 1층으로 내려가서 꼭대기 층까지 천천히 걸어 올라보기로 했다. 계단을 오르다 숨이 가빠올 때면 잠시 걸음을 멈추고 아들을 바라보며 주먹을 쥐고 흔들어주었다. 가위바위보를 하자는 사인이다. "가위바위보! 가위바위보!" 외침과 함께 계단을 한 칸 두 칸 올랐다. 마침내 25층에 올라서서는 마치 산 정상에 오른 듯 벅찬 하이파이브를 주고받았다.

"배낭이 무겁지는 않았어? 아들?"

"조금 무겁기도 한데, 그보다 등이 조금 더웠어. 아빠는?"

"배낭은 무거웠는데, 배낭의 짐 보다 설렘이 더 커서 괜찮아!"

이렇게 첫 박배낭(泊背囊, 1박 이상의 야영 장비를 포함한 배낭을 일컫는 백패킹 용어)이 꾸려졌다. 떠날 준비는 모두 마쳤으니 이제 어디로 갈지, 목적지를 정해야 한다.

아이와 함께하는 첫 백패킹에 고려해야 할 내용들을 정리해보았다.

1. 아이가 오를 수 있는 수준의 산일 것
2. 야영 금지 구역이 아닐 것
3. 긴급 상황 발생 시 빠른 하산이 가능한 거리일 것
4. 익숙한 등산로이거나 이정표가 친절한 어렵지 않은 등산로일 것
5. 텐트를 칠 수 있는 장소의 면적이 제한적인 경우, 차선책이 있는 곳일 것

여기까지 생각이 미칠 즈음, 불현듯 아들과 자주 거닐던 전월산이 떠올랐다.

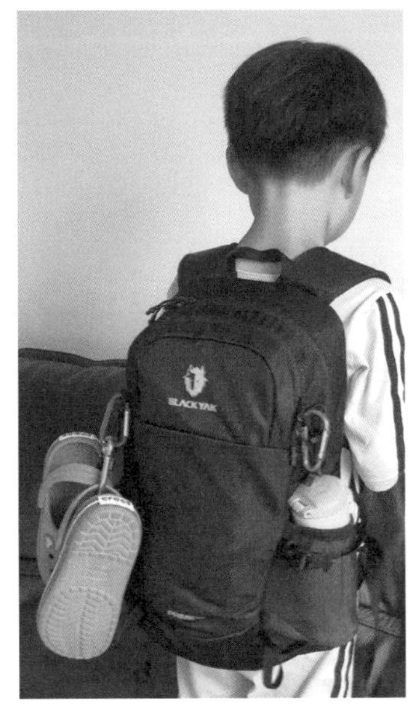

등산로 입구부터 박지(泊地, 백패커들이 설영하는 장소를 일컫는 백패킹 용어)까지는 편도 약 2km 거리의 높지 않은 산으로 1시간 이내에 하산할 수 있으며, 집까지는 불과 십여 분 안팎 거리다. 야영 금지구역이 아니어서 백패커들이 빈번하게 쉬어가는 곳이기도 했다. 위의 조건을 모두 충족하는, 아들과의 첫 박지로 더

할 나위 없이 좋은 선택이 되리라 생각했다.

이제 날씨만 도와주면 된다. 일기예보를 확인해봤다. 아직은 낮과 밤의 기온차가 제법 있는 5월, 주말의 일기예보는 아침 기온 12도, 한낮 기온 26도를 내다보고 있었다. 산행과 캠핑을 즐기기에 더없이 좋은 날씨가 예상됐다.

새 학기 첫 등교를 기다리는 신입생의 마음으로 혹시 빠트린 것은 없는지 준비물 목록을 다시 한 번 확인했다.

다섯 살 아들
여섯 살 아빠

드디어 토요일 아침이다. 출근도 등원도 없는 오늘은 가족 모두 편하게 늦잠을 즐길 수 있는 날이었지만, 아들은 늦잠을 허락하지 않았다.

"일어나 아빠! 오늘 우리 전월산으로 캠핑 가는 날이야!"

산으로 가는 캠핑. 그렇다. 아들은 아직 백패킹이란 표현을 모른다. 알려줘야겠다.

먹고 마실 거리를 배낭에 넣고 최종 점검을 했다. 아빠의 배낭은 20kg, 아들의 배낭은 3kg. 절대 만만치 않은 무게다.

"혹시라도 가서 보고 아니다 싶으면 바로 집으로 돌아와! 자주 연락하고!"

걱정 가득한 엄마를 향해 걱정하지 말라는 듯 손을 흔들었다.

볼링을 칠 때 좌우 어프로치에 먼저 들어온 사람이 있다면 그가 먼저 볼을 굴리고 내려올 때까지 기다렸다가 내 볼을 굴려야 하는 것과 같은 에티켓이 백패킹에도 존재한다. 예를 들어 산행객들에게 피해나 불편함을 주지 않기 위해 일몰에 가까운 늦은 오후나 저녁에 텐트를 설치하고, 같은 이유로 이른 아침 또는 일출 전후에 텐트를 철수하는 것이다. 오늘 우리의 박지가 산행객들이 많이 찾는 등산로에 면해 있다면 머무를 수 있는 시간이 줄어들 것이고, 인적이 드문 곳이라면 상대적으로 더 여유 있게 체류할 수 있을 것이다.

세종 전월산은 해발 260m로 고도는 높지 않지만, 세종호수공원과 정부종합청사, 금강수변공원과 국책연구단지 등을 조망하는 뷰 맛집이다. 게다가 주차장과 등산로 입구의 공원이 잘 조성되어 있어 이른 시간부터 늦은 시간까지 제법 많은 시민이 찾는 세종의 산행 명소다. 정상까지는 '무궁화테마공원' 쪽에서 오르는 길과 세종시의 첫 천연기념물로 지정된 '세종리 은행나무'로 잘 알려진 양화리에서 오르는 길이 있는데, 수년째 진행 중인 양화리 인근의 개발 공사 때문에 현재 등산객들은 대부분 무궁화 테마공원 쪽으로 입산하고 있다. 우리가 목적하는 박지는 정상에서 양화리 쪽으로 내려가는 중턱에 있으니 비교적 여유롭지 않을까 예상했다.

오후 네 시가 채 되지 않은 시각, 아들과 나는 각자의 박배낭을 메고 걸음을 옮기기 시작했다. 아들도 아빠도 처음 느껴보는 묵직한 등짐의 무게. 두 다리를 돕기 위해 등산 스틱을 한쪽씩 나눠 들었다. 등산 스틱은 좌우 한 세트로 사용해야 효과가 있지만, 아직은 중간중간

아들의 손을 잡아줘야 할 때도 있고, 아들에게는 오가며 줍는 솔방울과 나뭇가지가 산행의 즐거움 중 하나이기에 둘 다 한 손은 비웠다.

가파른 바윗길을 마주할 때면 나뭇가지를 한 줌 주워가는 아들에게 "아들, 아빠 손잡을까?" 하고 물어보았다. 아들은 때론 절레절레 고개를 가로젓기도, 때론 성큼 손을 맞잡기도 했다.

우리가 산에 오를 무렵, 등산객 대부분은 이미 하산길에 접어들었다. 제법 산 좀 타본 다섯 살은 마주 오는 산객 한 명 한 명에게 "안녕하세요!"라며 인사를 건넸다. 낯선 사람과의 인사에 다소 인색한 우리나라 사람들도 산에서만큼은 인사에 후한 편이다. 누가 먼저랄 것 없이 서로 마주 오는 이들에게 "안녕하세요~", "안산하세요~"라며 인사를 건넸다. 물론 그런 인사 따위에는 관심 없다는 듯 무심하게 지나치는 이들도 있고, 이어폰을 귀에 꽂은 채 자기만의 세계에 빠져 걷거나 뛰는 이들도 있지만, 분명 상대적으로 산에서는 좀 더 편하게 인사를 주고받는다. 어린 꼬마가 인사를 하며 스치면 어른들은 그

냥 지나치지 못하고 '씩씩하다, 용감하다, 기특하다.'라는 덕담을 해주기도 하고, 주머니와 가방을 뒤져 사탕이나 초코바 등을 아들 손에 쥐여주기도 했다.

그렇게 약 마흔 번 남짓 인사를 하고 나니 능선에 다다랐다. 코로나19 바이러스로 인해 야외에서도 마스크 착용은 필수지만, KF94를 착용하고는 도저히 산을 오르내릴 자신이 없어 상대적으로 호흡이 원활한 비말 마스크를 착용했는데도 숨이 가빠왔다. 정상석을 약 200m 앞둔 곳에 있는 상여바위에 도착했다. 전월산 최고의 뷰 포인트. 그 위에 올라 세종시 전경을 시원스럽게 내려다보며 흘린 땀을 닦았다. 잠시 갑갑한 마스크를 턱에 내려걸고 맑은 공기를 들이마셨다. 수없이 올라왔던 산이지만, 첫 백패킹이라는 설렘과 기대 때문인지 오늘은 감회가 새로웠다.

정상석에 도착해서 아마도 오늘 마주칠 마지막 등산객이 아닐까 싶은 중년 부부의 손을 빌려 사진을 남겼다. 잠시 숨을 돌리고 용천(龍泉, 전월산 정상부에 있는 샘)을 지나 양화리 방향으로 발걸음을 옮겼다. 며느리바위를 지나 긴 목조 데크 계단을 내려가자 드디어 오늘 하루 우리의 집터가 되어줄 박지가 시야에 들어왔다. 10여 년 전까지만 해도 이 길은 밧줄을 잡고 오르는 가파른 산길이었다고 한다. 충청남도 연기면이었던 이 지역에 세종시가 들어서면서 전월산에도 산행객이 늘 것을 대비해 나무 데크 계단이 설치된 거다.

현재 시각 17시 10분, 쉬엄쉬엄 왔는데도 아직 해는 중천이다. 일몰까지는 아직 두 시간 정도 여유가 있다. 등산객들은 모두 하산한 듯했지만, 배낭을 내려놓고 일몰이 가까워져 올 때까지 기다려보기로 했다. 올라오며 찍은 사진과 함께 우리 소식을 아내에게 남기는 동안 아들은 탐험에 나섰다. 어디선가 돌무더기와 나뭇조각을 모아 와서 땅을 파고 흙을 덮으며 이런 저런 상황극에 빠진 다섯 살 아들. 요즈음 놀이터에서는 좀처럼 할 수 없는 놀이다.

내가 어릴 적엔 동네에 흙이나 모래를 만지며 놀 수 있는 환경이 많았다. 적어도 내가 살던 여의도 아파트 단지에서는 화단에 들어가서 노는 것이 딱히 눈총받거나 꾸지람을 들을 일은 아니었고, 매일 놀이터 모래밭을 뛰놀 수 있었다. 하지만 그때와 사뭇 다르게 요즘의 놀이터는 바닥재가 모래 대신 탄성고무칩으로 바뀌었고, 조경과 잔디 보호 등을 이유로 아파트 단지에서는 아이들의 화단 출입을 금지하고 있다.

나는 아이들이 자연 속에서 돌과 흙을 만지며 자라야 한다고 믿는다. 어릴 적 아이들이 자연스레 접하는 흙이나 모래, 돌, 나뭇가지 등의 자연물은 아이들의 감각을 발달시켜주고, 나아가 아이들의 습득 능력과 인지능력 발달을 돕는다고 생각한다. 자연물 놀이를 자주 하고 미생물에 노출 경험을 쌓는 것이야말로 일상의 백신이 아닐까 싶다. 물론 깨끗하게 소독된 장난감과 각양각색의 놀이 기구가 즐비한 키즈카페에서의 하

나는 아이들이 자연 속에서
돌과 흙을 만지며 자라야 한다고 믿는다.

루도 아이들에겐 즐거움이고 기쁨일 수 있겠지만, 이미 도심에서의 일상이 삶의 전반을 차지하는 다섯 살에게 특별한 즐거움과 경험을 주고 싶었다. 그런 아빠 마음을 헤아려주듯 자연물 놀이에 몰두하는 아들이 참 고마웠다.

아들의 갸륵한 마음에 부응하기 위해 나도 동심으로 돌아가 아들과의 놀이에 마음껏 빠져들었다. 놀아주는 게 아니라 정말 같이 놀았다. 때론 정말 또래 친구인 듯 생떼를 부려보기도 하고 "치, 그럼 난 이거 안 할래!"라며 으름장을 놓기도 했다. 마치 다섯 살 아들보다 한 살 위 여섯 살 아빠가 된 것 같은 느낌이랄까?

아들과의 놀이에 열중하다 보니 어느덧 해가 뉘엿거렸다.

예상했던 바와 같이 양화리 쪽으로 하산하는 등산객은 더 없는 듯했다. 누군가 온다면, 나와 같은 목적으로 이곳을 찾은 백패커가 아닐까 생각하며 배낭을 열었다. 먼저 체어를 조립하고 텐트를 설치했다. 침낭과 매트를 펼친 후 아들과 나란히 체어에 앉았다. 오늘 하루 머무를 보금자리를 짓고 나니 아들과 함께하는 백패킹의 첫걸음을 내디뎠다는 실감이 났다.

붉게 타오른 노을을 배경으로 삐악삐악 하는 어린 동생과 함께 집에 있을 아내에게 보낼 사진을 남겼다. 서로의 손이 맞닿은 큰 하트도 그려봤다.

"사랑해 아들!"

"나도 아빠 사랑해!"

백패커는 멋진 숲탐험가

산중에서의 하룻밤을 무사히 보내고 아침을 맞았다. 사방이 나무로 둘러싸인 산속에서 하룻밤을 보낸 덕분일까. 혹은 백패킹의 매력인 걸까. 여느 캠핑장에서의 아침과는 사뭇 다른 개운함이 몸을 감쌌다.

침낭 지퍼를 내리고 몸을 일으켰다.

"아들 굿모닝! 잘 잤어? 춥진 않았어?"

"굿모닝! 하나도 안 추웠어!"

밤사이 떨어지는 기온에 혹시 감기라도 걸렸으면 어쩌나 염려했지만 다섯 살 아이는 찡긋거리며 눈을 뜨고는 세상 밝은 표정으로 기지개를 켰다. 함께 침낭을 접고 텐트 밖으로 나왔다.

옅은 안개가 내리깔린 전월산의 아침. 온기가 조금 남은 보온병의 물을 아들과 한 모금씩 나눠 마시며 이야기꽃을 싹 틔웠다. 배낭의 무게를 온몸으로 느꼈던 어제의 산행 이야기, 지난밤 잠든 이야기, 밤새 바람에 펄럭이던 텐트 이야기, 자욱이 내리깔린 안개와 저 멀리 보이는 일출 이야기까지. 그리고 뒤이어 준비해둔 이야기를 꺼냈다.

"우리가 오늘처럼 배낭에 텐트를 넣어와서 하는 캠핑을 백패킹이라고 해."

"백패킹?"

"응. 지난주에 다녀온 건 캠핑! 오늘은 백패킹! 넌 오늘부로 '백패커'가 된 거란다, 아들!"

"아빠, '백패커'가 뭐야?"

"백패커란 LNT를 실천하는 멋진 숲 탐험가들이야. 산행하며 숲속을 탐험하고, 텐트를 칠 수 있는 바른 곳에서 야영하며 자연과 교감하는 사람들이야."

LNT, 풀어쓰면 Leave No Trace. 번역 그대로 '흔적을 남기지 않는다'라는 개념의 아웃도어 보존 활동으로, 20세기 중반 국제 비영리 기구인 'Leave No Trace'가 미국의 자연보호 구역에서의 무분별한 여가 활동에 대응하기 위해 시작되었다. 산을 찾는 젊은 세대 사이에서는 "우리 LNT 합시다."라는 인사를 서로 주고받기도 한다.

LNT를 받아들이고 소화하는 저마다의 입장차는 있을 테

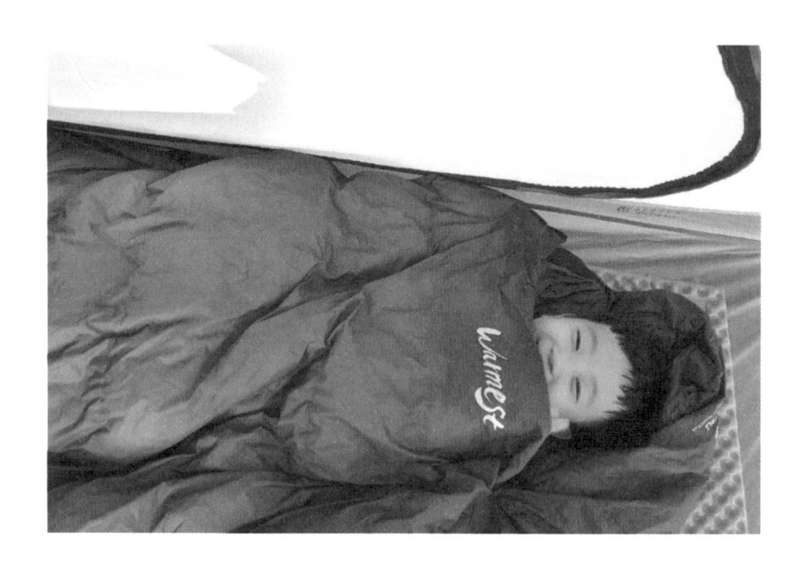

지만, 국내 백패커들이 일컫는 LNT란 다음의 일곱 가지를 함의한다.

- 쓰레기는 모두 가지고 내려올 것
- 화기를 사용하지 않으며 불을 이용한 취사를 하지 않을 것
- 야영이 금지된 장소에 설영하지 않을 것
- 설영을 하는 과정에서 목조 데크 등의 구조물을 손상하지 않을 것
- 진로를 막는 등 등산객에게 손해를 끼치는 행위를 하지 않을 것
- 야생 동물이나 식물을 해하지 않을 것
- 정식 탐방로 외 비법정 탐방로 또는 입산 통제 구역에는 발 들이지 않을 것

'아니 온 듯 다녀가소서'의 영어식 표현 같다고 할까? LNT는 비단 백패커에게만 해당하는 건 아니다. 산행을 즐기는 등산객은 물론이고, 국립공원 등 자연경관이 멋들어진 명소를 찾는 관광객, 해변이나 계곡을 찾는 피서객과 노지를 찾는 캠퍼들까지, 아웃도어 활동을 즐기는 모든 이들에게 해당하는 이 개념을 백패킹을 통해 아들이 자연스럽게 체득했으면 하는 마음으로 차근차근 설명해주었다.

"그러니까 LNT란 다시 말해서 '원래 있던 모습 그대로 보전한다.'라는 뜻이야. 앞으로 우리도 백패킹도 하고 산행도 하면서 다녀간 흔적을 남기지 않는 건강한 백패커가 되도록 하자, 아들!"

쉽게 이해하기 어려웠겠지만 아들은 적어도 우리가 하룻밤 머무를 수 있도록 자리를 내어준 산과 자연에 감사하는 마음을 가지고 깨끗이 정리해야 한다는 것 한 가지는 이해한 것 같았다. 아들이 가지고 놀던 나뭇가지와 돌을 제자리에 돌려놓기 시작한 사이, 나는 텐트와 야영 장비를 정리했다. 정리를 마친 후에는 함께 주변을 돌아다니며 바닥에 떨어진 쓰레기를 주워 종량제 봉투에 담았다.

캠핑장이든 리조트든 펜션이든, 여행지에서의 마무리는 늘 머물렀던 공간에 "안녕~ 잘 있어~ 다음에 또 만나~!"라고 인사를 건네는 다섯 살. 오늘도 평소와 다름없이 멋진 하룻밤을 선물해준 자리에 작별 인사를 하려는 찰나, 아들이 걱정스러운 눈빛으로 바닥을 내려다보며 말했다.

"아빠, 어떻게 해? 흔적이 남았어……!"

아들의 시선은 아침 이슬이 내려앉은 목조 데크의 마름모꼴 텐트 자국에 닿아 있었다. 빙그레 미소를 띤 나는 오늘 아침 아빠가 해준 얘기를 귀담아 들어준 기특한 다섯 살의 손을 꼭 잡고 어제 왔던 길을 거슬러 오르며 다음 여정을 기약했다.

그럼 우리
내일 쓰레기
주워 갈까?

전월산에서의 첫 백패킹이 즐거웠던 걸까, 아빠와 단둘이 집을 떠난 여행이 좋았던 걸까? 다음 주에는 어디에 가냐는 아들의 기대에 부응하기 위해 SNS를 들춰보며 부지런히 두 번째, 세 번째 백패킹 장소를 물색했다. 자주 함께 오르던 세종 원수산도 고민해보고 20분 거리의 조치원 오봉산도 고려해봤다. 그러다 문득, 지난 주말 가쁜 숨을 내쉬며 배낭을 짊어지고 산을 오르던 아들의 뒷모습이 떠올랐다. 표현하지는 않았지만, 평소보다 무거운 배낭이 분명 부담이 되었을 것이다. 그러니 이번에는 조금이라도 편안한 섬으로 가는 게 좋겠다는 생각이 들었다.

'여주 강천섬'

최근 온라인에서 가장 뜨거운 관심을 받고 있는 곳이다.

캠퍼나 백패커라면 아니, 딱히 그것들에 관심이 없더라도 SNS 이용자라면 한 번쯤은 보았을 노란 은행잎 가득한 드넓은 자연 속에서 호젓하게 캠핑을 즐기는 감성 사진. 바로 강천섬의 가을 풍경이다. 수많은 사람에게 아름다운 가을날의 추억을 선사해준 그 강천섬이 이제 추억 속으로 사라진다고 한다. 폐쇄된다거나 없어진다는 게 아니다. 일부 미성숙한 행락객들로 인해 환경오염뿐 아니라 화재 등 안전사고까지 이어진 끝에 결국 지자체에서 강천섬 일대를 낚시, 야영, 취사 금지구역으로 지정한 것이다.

나와 아들에게 어쩌면 마지막일지도 모를 강천섬에서의 하룻밤을 계획하기로 했다. 아들에게 혹여 무단으로 버려진 쓰레기와 훼손된 자연환경 등의 좋지 않은 모습만 보여주는 게 아닐까 하는 염려도 있었지만, 반대로 LNT를 실천하지 않으면 이렇게 될 수도 있다는 좋은 배움이 되리라는 생각도 들었다.

넓은 잔디와 즐비한 텐풍(텐트가 만들어 낸 풍경) 사진을 찾아 보여주자, "우아! 여기선 축구도 하고 배드민턴도 하고 공던지기도 할 수 있겠다!"라며 쾌재를 부른 아들은 벌써 들떴다. 캠핑 왜건을 끌고 진입이 가능한 강천섬은 백패커뿐 아니라 미니멀 오토캠핑 장소로도 유명하다. 이동 거리에 부담이 없으니 먹을 것과 마실 것도 여유 있게 준비하고 캐치볼과 원반던지기 등 놀거리도 챙겼다.

집에서 강천섬 주차장까지는 약 130km, 2시간 거리. 아들과 단둘이 이동하는 첫 장거리 여정이다. 조수석에 앉은 아내 도움 없이 내가 운전하며 아들의 두 시간을 책임져야 한다. 어쩌면 아이와 함께 산을 오르는 것보다 더 힘든 도전일지도 모른다. 미디어와 태블릿으로 아이의 눈과 귀를 지배한 채 내 편안함을 추구하고 싶지는 않았다. 준비가 필요했다. 먼저, 아들이 즐겨듣는 애니메이션의 주제가와 동요를 모은 플레이리스트를 만들었다. 그리고 아이 손이 닿는 위치에 아이가 스스로 여닫으며 마실 수 있는 물병과 캔디를 준비해놓기로 했다. 그렇게 왕복 네 시간 장거리 드라이브를 위한 환경을 갖춘 뒤 운전하며 함께할 수 있는 놀거리와 이야깃거리를 고민했다. 출발해서 한동안은 지난 한주의 이야기, 오늘 가는 목적지에 대한 이야기 등 이런저런 이야기를 나눌 거다. 그러다 아들이 "아빠 나 심심해!"를 외치면, 그땐? "그래! 끝말잇기를 해보자!"라고 말해볼 계획이었다. 다섯 살에게 아직 끝말잇기는 조금 어려울 수 있지만, 아이의 눈높이에서 최대한

흥미를 유발해야겠다고 다짐했다.

설레는 마음으로 아내의 배웅을 받으며 집을 나섰다. 준비했던 대화와 게임을 마친 후 플레이리스트를 듣다가 잠든 아들은 강천섬 주차장에 도착할 즈음에야 눈을 떴다.

길가에 활짝 핀 형형색색의 이름 모를 꽃들이 반겨주는 아름다운 강천리길을 걷기 시작했다. 그 길을 따라 걷다 작은 다리를 건너면 강천섬에 들어가게 된다. 그때 아들이 말했다.

"아빠! 그런데 우리 배는 언제 타?"

"배?"

"응! 우리 섬에 간다며! 섬에 가려면 배를 타야 바다를 건너가지!"

지난 수일간 백패킹으로 가기 좋은 섬을 물색하며 찾은 매물도, 굴업도, 덕적도, 죽도, 신수도 등등의 사진을 아들에게 보여주며 했던 이야기가 아들의 머릿속에서 뒤섞인 모양이다. 차근차근 아들에게 설명했다.

"강천섬은 바다가 아닌 강 위에 떠 있는 섬이야. 여긴 다리로 연결되어 있어서 배를 탈 필요 없이 걸어갈 수 있어."

"그럼 여긴 진짜 섬이 아닌 거잖아? 난 배 타고 가는 줄 알았는데……"

"미안해 아들, 대신 다음번엔 배 타고 들어가는 섬으로 가자. 바다 건너 진짜 섬으로! 어때? 약속!"

아들, 오늘 너 하고 싶은 거 다해!

기대했던 배를 타지 못해 크게 실망한 아들은 아빠와 새끼손가락을 걸고 약속을 한 후에야 기분이 풀어졌다.

너른 잔디밭에 자리를 잡았다. 아들에게 실망감을 주었다는 사실이 미안했던 나는, 마치 '오늘 너 하고 싶은 거 다해!'라고 외치듯, 준비했던 원반 던지기와 캐치볼에 열중하며 해질녘까지 뛰놀았다.

긴 하루를 보내고 텐트에 누워 아들에게 말했다. 오늘 온 강천섬은 앞으로 다시 백패킹이나 캠핑을 올 수 없는 곳이라고, 하룻밤 머물러 갈 수 있는 건 오늘이 마지막이라고 설명해주며 전월산에서 알려줬던 LNT를 다시 한 번 상기시켜주었다. 무언가를 골똘히 생각하던 아들이 제안했다.

"아빠, 그럼 우리 내일 여기 쓰레기 많이 주워 갈까? 그러면 나중에 또 와서 자고 갈 수 있을지도 모르잖아?"

우리가 쓰레기를 줍는다고 다시 강천섬이 열리진 않을 것 같단 얘기를 해주려다가, 이내 삼켰다. 어쩌면 아들의 생각이 맞을지도 모른다. 우리부터 강천섬 아껴주기를 실천하다 보면 어느 날 다시 캠퍼와 백패커에게 섬을 개방할지도 모를 일이다. 플로깅을 제안한 기특한 아들과 내일 강천섬을 떠나기 전까지 한 번 더 신나게 잔디밭을 뛰놀아야겠다고 다짐하며 침낭과 한 몸이 되어본다.

오늘은 에너지
몇 개짜리
코스야?

아들에게 낙원이었던 강천섬에서 아쉬웠던 단 한 가지, 배를 타지 못한 서운함을 풀어주기 위해 이른 아침, 남쪽으로 달렸다.

오늘 우리의 목적지는 '매물도'. 행정구역상 경상남도 통영시 한산면에 속한 섬으로 둘레가 6km도 되지 않는 크지 않은 섬이다. 매물도의 남서쪽에 위치한 소매물도와 쿠크다스 섬이란 별명을 지닌 등대섬이 더 잘 알려져 있다. 매물도에는 폐교된 한산초등학교 매물도 분교에 조성된 유료 야영장이 있다. 운동장터는 캠핑장으로 사용되고, 학교 건물 안의 개수대와 샤워실, 화장실을 이용할 수 있다.

경상남도 거제시 남부면 저구리의 어촌정주어항인 저구항에 도착했다. 배에 탄 우리는 지나온 길을 조망하는 2층 갑판

위 목재테이블에 자리를 잡았다. 대부분 가벼운 배낭을 메거나 카메라를 한쪽 어깨에 걸친 관광객들이었고, 그 틈에 박배낭을 둘러멘 백패커들이 몇몇 보였다. 아마 토요일인 어제는 무거운 등짐을 짊어진 백패커들이 가득했겠지 싶었다.

당금구판장으로 들어가서 야영장을 이용하러 왔다고 신고하고 비용을 지불했다. 구판장 사장님은 아들을 물끄러미 쳐다보더니, "넌 안 내도 돼~."라며 미소를 날려주었다. 그러고는 흡사 작은 경운기를 연상시키는 삼륜 오토바이에 시동을 걸며, 뒤에 타라는 시늉을 하시는 사장님.

"괜찮습니다. 저흰 걸어가도 돼요."

"어차피 저도 야영장으로 올라가려던 참이에요. 사양 말고 타요. 아낀 힘으로 아들과 섬 한 바퀴 돌아봐요."

그렇게 우린 삼륜차를 얻어 타고 폐교에 도착했다. 서너 동의 텐트만 자리한 여유로운 매물도 야영장.

바다가 바로 보이는 한적한 잔디 위에 먼저 체어를 조립해서 아들을 앉히고 오늘의 집을 짓기 시작했다. 그라운드시트를 깔고 바다 한 번 바라보고, 이너텐트 세우고 아들 한 번 바라보며 여유롭게 텐트를 설치하고 있는데, 어디서 나타났는지 또 다른 꼬마가 다섯 살 옆으로 다가왔다.

"와. 니 스테고사우르스 있네. 내도 그거 있는데. 니는 몇 살이고?"

"난 다섯 살인데!"

“내도 다섯 살이다. 난 해군유치원 소망반 이시하다, 니는?”

“나는 더숲어린이집 난초반 박서진이야.”

그렇게 아들은 낯선 매물도에서 또래 친구를 만났다. 또래 친구의 부모와 가볍게 인사를 나눴다. 우린 섬 한 바퀴를 돌아보러 가려는 참인데 혹시 함께 걸어보지 않겠느냐고 제안했지만, 시하는 아직 오래 걸어본 경험이 없어서 무리일 것 같다고 했다. 다시 만나자는 인사를 남기고 방울토마토와 마실거리 정도를 가볍게 챙겨 매물도 해품길 트레킹에 나섰다.

“아빠, 오늘은 에너지 몇 개짜리 코스야?”

에너지. 그 시작은 아이와 산행을 시작하던 작년 무렵, 긴 언덕 앞에서 힘들어 하는 아이에게 당근조로 내밀었던 과일맛 츄잉캔디, 즉 캐러멜이었다. “이걸 먹으면 힘이 나! 그래서 에너지라고 부르지!”라며 내밀었던 캐러멜을 아이가 지칠 때마다 하나씩 입에 넣어주었는데, 언젠가부터 이 캐러멜의 개수가 산행 난이도의 지표가 되었다. 집 근처 해발 251m 원수산은 에너지 두 개짜리 산, 첫 백패킹이었던 해발 260m 전월산은 에너지 세 개짜리 산, 그리고 왕복 7km의 조치원 오봉산은 에너지 네 개짜리 산이다. 오늘의 해품길은 약 5km 거리로 그리 어려운 코스는 아니지만 익숙하지 않은 초행길이고 거리가 제법 되니 넉넉히 불러본다.

“음, 오늘은 에너지 여섯 개 줄게! 사실 세네 개면 충분한 코스인데, 오늘 차 타고 배 타고 멀리 오느라 고생했으니까 넉

넉히 주는 거야!"

"여섯 개라고 해서 깜짝 놀랐네! 알았어, 아빠! 그럼 출발 에너지부터 줘!"

완만한 언덕길을 따라 20여 분 올라가니 등 뒤로 매물도 야영장의 전경이 펼쳐졌다. 마치 드론으로 촬영한 것 같은 멋진 뷰를 감상하고 있는데, 저 멀리 어렴풋이 빨간색 캡모자를 쓴 꼬마가 가까워져 오는 게 보였다.

"아빠! 저기 시하가 오고 있나 봐!"

함께 해품길을 걸으며 두런두런 대화를 나눠보았다.

경남 진해에서 베이커리를 운영하고 있다는 젊은 부부, 시하가 산행 경험이 적어 주차장에서 멀지 않은 거리의 박지나 야영장 또는 섬 여행 위주로 캠핑과 백패킹을 즐기고 있다고 자신들을 소개했다. 평소 같았으면 섬 트레킹에 나서겠다는 용기를 내지 못했을 텐데 오늘 처음 만난 또래 친구 덕분에 걷기로 마음먹은 것 같다며, 시하가 이렇게 오래 걷는 건 처음이라고 했다. 두 친구는 서로를 의지하며 섬 한 바퀴를 돌았고, 우리는 시종일관 즐거움 가득 머금고 걸어준 두 아이가 대견스러웠다.

그늘 한 점 없는 매물도 야영장으로 돌아왔다. 작은 알파인 텐트 한 동 달랑 펼쳐 놓은 우리 집과 다르게, 시하네는 긴 터널형 텐트에 8명도 족히 앉을 수 있을 커다란 타프가 그늘을 드리우고 있었다.

부부는 자신들의 타프 아래에서 함께 식사하면 어떻겠냐

며 초대해 주었고, 각자 준비해온 저녁거리를 함께 나누는 사이에 밤이 깊어갔다.

"울 아빠가 만든 빵 진짜로 맛있다. 니 꼭 먹으러 온나."

"그래, 다음에 꼭 다시 만나!"

이튿날 다시 만나자는 인사와 함께 첫 배로 먼저 떠난 시하 가족과는 이후 경북 봉화의 백천 계곡에서 함께 물놀이를 즐기기도 했고 청옥산 야영장에서 캠핑도 즐겼다. 매년 성탄절 즈음이면 가족들과 둘러앉아 시하 아빠가 전통 방식으로 만든 슈톨렌을 음미한다. 그럴 때면 아들은 매물도를 추억하며 묻는다.

"아빠, 우리 시하랑은 언제 또 함께 백패킹 가?"

아이와 함께 걷는 Tip 1

처음을 두려워 마세요!

누구에게나 처음은 있고, 시작은 어렵습니다.

"너는 다 계획이 있구나?"

영화 기생충의 명대사죠. 네, 계획이 필요합니다.

첫째, 아이와 함께 걷는 습관이 필요합니다.

먼저 목적지를 설정해보세요. 처음부터 꼭 산일 필요는 없습니다. 공원도 좋고 산책로도 좋지요. 고즈넉한 길을 찾아 아이와 함께 걸어보세요. 이왕이면 아이가 관심 가질 만한 목적이 있다면 더 좋겠죠? 걷는 길의 끝에 멋진 미끄럼틀이 있다거나 마음껏 달릴 수 있는 탁 트인 잔디밭이 있다면 금상첨화일 겁니다.

출발한 지 얼마 되지 않았는데 "우리 언제 도착해?"라고 묻기도 하고, 몇 걸음 걸어오지 않았는데 안아 달라고 투정을 부릴 수도 있어요. 곧 도착한다는 막연한 기대감을 주기보다는 실제 걸어온 거리와 남은 거리를 아이의 눈높이에 맞게 알려주고, 안아 달라는 아이는 힘닿는 데까지 안고 업으며 함께 걸어보아요. 그리고 목적지에 도착해서는 가방, 휴대전화, 오늘 저녁 메뉴 고민, 내일의 출근 걱정, 모든 걸 내려놓고 아이에게 집중해보는 거예요. 신발에 흙이 들어가든 옷이 지저분해지든 신경 쓰지 말고 같이 놀아봅니다. 오늘이 즐거웠다면 내일도 오고 싶어 할 테고, 오늘 스스로 걸었던 열 걸음은 내일 스무 걸음으로 발전하게 될 거예요. 저도 하루아침에 되진 않았어요. 두 살, 세 살, 네 살, 여러 해를 거듭하며 차츰 습관이 되어갔습니다.

둘째, 함께 걷는 시간도 놀이가 될 수 있습니다.

아이가 흥미를 느낄 만한 게임을 여러 가지 준비하면 좋아요. 대표적인 예로 끝말잇기가 있지요. 아직 단어를 잇기에 어린 나이라면, 아이가 좋아하는 장난감이나 만화 캐릭터 이름을 돌아가며 말해보는 게임도 있을 테고, 조금 응용해서 퀴즈의 형태로 해봐도 좋습니다. 함께 동요를 불러도 좋고, 익숙한 멜로디에 즉흥적으로 지금의 상황을 가사로 붙여 부르는 것도 아이들이 즐거워합니다.

지금 초등학교 1학년인 제 아이는 초성 퀴즈와 스무고개에 빠져 있어요. 스무고개는 아이가 올바른 질문을 통해 답을 얻어내는 방법을 익히기 더없이 좋은 훈련이죠. 초성퀴즈는 아이의 어휘력과 사고력 향상에 영향을 미칩니다. 번갈아 하다 보면 두어 시간 산행은 금방입니다. 무엇보다 아빠 스스로가 동심으로 돌아가 그 일원이 되어 함께 즐기는 것이 중요합니다. 잊지 마세요! 놀아주는 게 아니고 함께 노는 겁니다!

셋째, 우리만의 아지트를 만들어보세요.

함께 걷고 같이 즐길 수 있도록 관계가 어느 정도 영글었다면, 아이와 아지트를 만들어보세요. 한 시간 남짓한 시간 정도 등산을 즐길 수 있는 코스 끝의 목적지. 적절히 오르내리는 산행 구간이 섞여있으면 더 좋겠네요.

체어와 테이블, 간단한 먹을거리를 배낭에 넣고 올라가 부담 없이 주말 반나절 정도를 함께할 수 있는 아지트. 아이가 좋아하는 놀이도 하고, 간단한 보드게임도 할 수 있다면 더할 나위 없을 듯합니다.

넷째, 아이와의 첫 캠핑은 집에서 시작해 보는 게 어떠세요?

집에서 캠핑한다? 저와 아이가 함께한 첫 캠핑장은 거실이었습니다. 아파트 거실에 텐트를 설치한 적도 있고, 서울 할아버지 댁에 가서도 거실에 텐트를 펼쳐 놓고 잠들곤 했어요. 더블월, 싱글월, 자립, 반자립, 비자립 등등 텐트의 종류는 굉장히 다양한데요. 어떤 종류든 2인용 알파인 텐트는 상당히 작습니다. 성인 두 명이 간신히 몸을 뉠 수 있는 공간만을 허락해요. 아이와 텐트 안에 들어가 랜턴 불빛 아래에 누워 책도 읽고, 잠들 때까지 두런두런 이야기도 나눠보세요. 집에서 캠핑 놀이를 통해 작은 텐트에서의 하룻밤이 익숙해진다면 자연에서의 하룻밤에 첫발을 내딛기가 한층 수월할 겁니다.

여기까지 다 해보셨나요?

그럼 이제 배낭을 메고 나가고 싶으실 텐데요, 사야 할 것들이 많으시죠? 캠핑 놀이를 위해 이미 텐트는 갖추셨을 테니, 배낭, 침낭, 매트가 필요할 것입니다. 침낭과 매트는 계절의 영향을 많이 받습니다. 추운 날엔 알밸류Resistance Value가 높은, 바닥 냉기 차단에 효과적인 매트가 필요하고, 침낭도 충전재가 많이 든 내한 온도가 높은 침낭이 필요하죠. 이들 동계 장비는 가격도 고가입니다. 첫 출정으로 준비하기엔 부담이 되죠. 첫 캠핑은 낮과 밤의 기온차가 크지 않아 비싸지 않은 장비로도 따듯한 밤을 보낼 수 있는, 여름을 앞둔 늦은 봄이나 무더위를 갓 벗어난 초가을을 추천합니다. 한여름은 날벌레나 모기 등으로 인해 자칫 유쾌하지 않은 여정이 될 수 있으니 피하는 것이 좋습니다. 늦봄이나 초가을이라면, 큰 부담 없는 장비로 백패킹을 충분히 만끽할 수 있을 거예요! 첫술에 배부를 순 없습니다. 조금 부족하고 불편한 게 처음의 매력이죠!

자, 그럼 지금부터 준비를 시작해볼까요?

Chapter 2

봄, 여름
그리고
가을

커튼콜의 주인공

6월의 첫 목요일, 둘째의 백일 날이다. 사회적 거리두기의 시행으로 북적북적한 백일 잔치를 할 수는 없었다. 가까운 사진관에서 네 식구 가족사진을 남기는 것으로 만족했다. 동생의 미소를 포착하기 위해 연신 "여기 봐, 서하야! 오빠 봐봐!"를 외치며 오빠의 본분을 다한 다섯 살은 "내일은 아빠랑 자는 날이다!"라며 이른 저녁잠에 들었다.

아빠와 자는 날이란 백패킹 가는 날을 말한다. 아내와 아들의 편안한 숙면을 위해 둘째가 태어난 후로 줄곧 나는 세 시간에 한 번씩 본인의 존재를 알리려는 둘째의 밤잠을 담당해왔다. 사실 나는 지금 3개월의 소중한 육아휴직 중이다. 둘째의 탄생과 함께 시작한 육아휴직은 이제 복직을 2주일 남짓 앞두고 있다. 매일 밤 둘째를 안고 거실을 서성이며 재우느라 첫째와 함께 잠든 날은 세 번의 캠핑과 세 번의 백패킹을 더한 여섯 날뿐이었다.

우리의 다음 목적지는 산맥들이 뽐내는 수려한 산세와 풍광이 마치 유럽의 알프스와 견줄 만하다 하여 이름 붙여진 영남알프스. 그중에서도 가지산(1,241m) 다음 두 번째로 높은 산인 해발 1,189m의 천황산이다. 겨우 다섯 살이 해발 1,100m급 산을 오르는 건 아직 무리일지도 모른다. 하지만 초등학교 4학년 아이를 데리고 다녀온 어느 아빠 산행가의 SNS 글을 보고 우리 부자도 할 수 있겠다는 용기를 얻어 실행에 옮겼다.

두 시간을 달리다 휴게소에서 점심을 먹고 다시 두 시간을 더 달려 도착한 곳은 밀양의 '영남알프스 얼음골 케이블카' 하부 승강장. 매표소에 가서 '야영을 왔다' 얘기하면 '다음 날 정오까지 하행 케이블카에 탑승해야 한다'는 확인서를 내어준다. 대부분의 케이블카 이용객은 오전에 올랐다가 오후에 내려오는데 반해 늦은 오후에 올랐다가 이른 오전에 내려오는 백패커들을 소화하는 융통성 있는 운영 덕분에 욕심 내볼 수 있는 여정이었다.

다섯 살 인생 첫 케이블카. 지금 이 순간만큼은 높은 산에서의 백패킹이라는 기대감보다 가느다란 선에 대롱대롱 매달린 네모난 상자를 타고 산비탈을 오른다는 긴장감이 더 크기 때문일까? 오늘따라 내 손을 놓지 않았다. 하부 승강장부터 상부 승강장까지는 10분 남짓, 승무원의 설명에 따라 아래 방향을 주시하며 흡사 '호랑이가 웅크린 자세'와 같아 이름 붙여졌다는 백호 바위의 형상을 손끝으로 그리다 보니 어느덧 상부 승강장이다. 현재 해발고도는 1,020m. 등산로 안쪽으로 걸음을 옮겨본다. 대부분의 관광객은 녹산대 전망대에서 기념사진을 찍은 뒤 다시 승강장으로 돌아가지만, 우리는 전망대를 지나 샘물상회 삼거리에서 좌측 임산 도로를 따라 천황재로 향했다.

길 한가운데 서서 우리를 빤히 주시하며 은색 털을 뽐내던 산토끼와 함께 걷기도 하고, 등산로를 가로질러 흐르는 시냇물에선 조약돌만 한 아기 개구리를 등에 업고 물길을 건너는 초록색 엄마 개구리를 기다려주기도 했다.

해가 뉘엿뉘엿 할 때쯤에야 아이 키만 한 억새가 즐비한 군락지에 다다랐다. 뒤이어 보이는 널따란 목조 데크, 오늘의 박지인 천황재다. 천황재에 먼저 도착해 있던 백패커들은 둥지를 틀 준비를 하고 있었다. 간단히 인사를 나누고 가장자리 적당한 위치에 배낭을 내려놓았다. 부지런히 오늘 하루 머무를 집을 짓고 아들과 나란히 체어에 앉아 해발 990m의 너른 억새밭 너머로 지는 석양을 바라보자니 지난 일 년의 시간이 주마등처럼 지나갔다.

작년 이맘때 즈음 세 식구의 하루하루는 균형 있고 조화로웠다. 아내와 나는 각자의 일터에서 치열하게 생존하며 커리어를 쌓는 사회 구성원인 동시에 맞벌이 부부로서 할 수 있는 최선의 상호 보완적 양육을 하고 있다고 자부하던 때였다. 그러던 중 들려온 반가운 둘째 소식. 기쁨을 만끽하던 중 문득 지금의 균형이 흔들릴 수도 있다는 걱정이 엄습했다. 주변의 다자녀 부모들로부터 '하나와 둘은 단순히 일 더하기 일이 아니다.'라는 말을 귀 따갑게 들어왔기에 드는 걱정은 아니었다.

우리 부부의 걱정은 아들의 상실감이었다. 엄마와 아빠의 첫째, 나아가서는 첫 손주였고 첫 조카였기에 할머니, 할아버지, 고모, 이모들의 사랑을 오롯이 독차지하며 자란 아들이 혹여덟 달 뒤 태어날 동생의 존재로 '상처받거나 삐뚤어지면 어떻게 하지'라는 고민이 든 것이다. 다자녀를 둔 친구들의 SNS를 찾아보기도 하고 관련한 육아 서적을 수두룩이 찾아 읽기도 했다. 하지만 각자의 환경과 여건이 달랐기에 그 어디에서도 뾰족한 정답을 찾을 수는 없었다. 조부모의 도움을 받을 수 있는 맞벌이 가정, 경제적인 고민이 깊은 외벌이 가정, 아이의 성공이 자신의 사회적 위치와 직결된다는 믿음으로 자녀의 양육을 전문가의 손에 맡기고 각자의 학업과 본업에 충실한 부모, 그리고 자녀 둘은 일도 아니라는 아이 셋을 둔 부모까지, 서로 다른 육아 철학과 가치관 속에서 나에게 알맞은 옷을 찾아 방황하던 그때, 불현듯 '아빠의 육아 휴직'이 떠올랐다.

둘째가 가족 구성원으로 연착륙하려면 무엇보다 아들의 지지와 호응이 필요했다. 동생이 야기한 변화의 첫 단추가 아들에게 좋은 기억으로 자리 잡는 것이 중요하다고 생각했다. 다행스럽게도 아직은 부모가 세상의 전부인 다섯 살에게 동생이 생길 거라는 기쁜 소식과 함께 엄마의 1년 넘는 긴 휴가와 아빠의 3개월 남짓한 짧지 않은 휴가는 반가운 일이 틀림없었다. 전 세계를 뒤흔든 팬데믹으로 인해 당연했던 것들을 당연하지 않게 마주했던 지난 1년, 그 시간 동안 우리는 세 식구에서 네 식구가 되었고 '아들'이었던 다섯 살은 '오빠'라는 타이틀을 하나 더 가지게 되었다.

어느샌가 주변에는 짙은 어둠이 내리깔렸다. 하늘엔 쏟아질듯 별이 가득했고 주변에는 고요함이 감돌았다. 그때였다.

"아빠 저기 봐봐!"

고개를 돌려보니 10m 남짓한 거리에 그리 크지도, 그렇다고 작지도 않은 야생 동물이 우리를 노려보고 있었다. 오소리였다. 칠흑 같은 어둠 속, 오소리의 두 눈은 마치 반짝이는 노란 구슬이 공중에 떠 있는 듯한 착각을 불러일으켰다. 우리가 깊은 산속에 있다는 실감이 났다. 백호 바위, 토끼, 개구리 그리고 오소리까지, 오늘 밤 다섯 살은 동물 이야기 삼매경에 빠져 잠에 들었다.

새벽 4시 50분, 먼동이 터왔다. 하늘이 보랏빛으로 물들어가는 기이한 일출을 한참 넋 놓고 바라보았다. 얼마 지나지 않아 하늘은 푸른빛을 되찾았고, 그제야 아들은 눈을 비비며 기지개를 켰다.

"아~함, 잘 잤다. 어? 벌써 해가 떴네! 아빠, 그런데 왜 나 안 깨웠어? 해 뜨는 거 같이 보자며?"

"새벽 공기가 생각보다 쌀쌀해서 조금 더 재웠지. 침낭 안은 따듯했지?"

자리를 정리하고 배낭을 둘러멨다. 천황재에서 천황산 정상인 사자봉까지는 약 1km, 표고차는 200m다. 체중의 2할을 차지하는 무게의 배낭을 둘러멘 다섯 살에게는 쉽지 않은 등반이 예상됐다.

크고 작은 돌이 즐비한 등산로는 긴 계단 길로 이어지고 다시 바윗길로 연결되었다. 출발한 지 얼마 지나지 않은 것 같은데, 벌써 숨이 턱까지 닿았다. 오늘 배낭의 무게는 26kg. 다행히도 새로 구입한 85L 배낭이 허리를 잘 지지해주어 어깨에 무리가 덜했다. 지난 세 번의 백패킹 이후 더 큰 배낭의 필요성을 여실히 느껴 장만했는데, 그 덕을 톡톡히 봤다. 중턱에 올라서서 뒤돌아보니 저 멀리 우리가 머물렀던 널따란 천황재 데크가 손톱만치 작게 보였다.

해발 1,000m 고지의 바람이란 이런 걸까? 몸 가누기 힘든 세찬 바람이 몰려왔다. 바람 소리에 아들과의 원활한 대화도 힘들 지경. 한 손은 아들과 맞잡고 다른 한 손은 등산 스틱을 짚으며 한 걸음 또 한 걸음 올라섰다

어느덧 정상에 다다랐다. 이른 시간임에도 정상석에서 인증 사진을 찍으려는 긴 행렬이 보였다.

"와우! 장하다 꼬맹이!"

"너무 멋지다! 꼬마야!"

성인도 가만히 서 있기 힘든 세찬 바람을 뚫고 자신들이 올라온 방향과는 반대 방향에서 어린아이가 올라오니 신기했던 걸까? 누가 먼저랄 것도 없이 박수와 환호를 보내기 시작했다. 마치 연극이 끝난 후 커튼콜을 위해 무대에 오른 주인공이 된 기분이었다. 아들과 함께 좌로 또 우로 인사를 건네고 긴 줄의 끝에 섰다. 앞에 서 있던 커플이 먼저 사진을 찍고 얼른 내려

연극이 끝난 후 커튼콜을 위해
무대에 오른 주인공이 된 기분이었다.

가라며 줄을 바꿔 서주었고, 또 그 앞의 다른 일행이, 앞앞의 사람들이 줄지어 양보해준 덕에 우리는 얼마 지나지 않아 천황산 사자봉의 정상석과 인증 사진을 찍고 내려올 수 있었다.

비록 문명의 이기 덕에 비교적 손쉽게 만난 정상이었지만, 천황산은 다섯 살에게 처음으로 해발 1,189m라는 강한 인상을 심어준 산이었다. 집으로 돌아오는 길, 몇 년 뒤 아들과 함께 케이블카의 힘을 빌리지 않고 다시 한 번 다녀오리라 마음을 먹었다.

얼마 전 천황산의 추억이 떠올랐다. 지금 일곱 살의 체력이면 '이젠 스스로 힘으로 충분히 오를 수 있겠다.'란 생각에 최신 정보를 찾아보았는데, 안타깝게도 지난해부터 천황재가 야영 금지구역에 포함되었다고 한다. 누구를 탓하겠는가. 모쪼록 자연을 찾는 백패커들 모두가 스스로 설 자리를 지켜 나갔으면 하는 바람이다.

일출이
더 좋아!
왜냐하면

"아빠! 다시 회사 출근하면 이제 우리 백패킹은 못 가는 거야?"

무슨 일인지, 우물쭈물 한참을 뜸 들이다 던진 아들의 한마디에 피식 웃음이 났다.

지난달 전월산에서 첫걸음을 내디뎠던 아들과의 백패킹, 한 달 사이 벌써 네 번의 백패킹을 다녀왔다. 혹시 다섯 번째는 언제 가느냐는 물음인 걸까?

"에이, 그럴 리가~ 걱정 마, 아들. 말 나온 김에 아빠랑 이번 주말에 답사 산행 다녀와 볼까? 다음번 백패킹 갈 산으로! 어때?"

아들은 일말의 망설임 없이 대답했다.

"좋아!"

오서산. 충청남도 보령과 홍성, 광천에 걸쳐있는 산이다. 해발 791m로 그리 높은 편은 아니지만, 동고서저의 한반도 지형답게 이 주변에서는 가장 높아 주변을 한눈에 내려다볼 수 있는 빼어난 경관을 자랑하는 곳이다. 정상부의 억새로 인해 가을이면 전국에서 몰려드는 산행객들로 몸살을 앓기도 하지만, 그 밖의 계절은 상대적으로 여유가 있는 편이다.

상담주차장에서 정암사와 1,600계단을 지나 정상으로 갈 수도 있고, 오서산자연휴양림에 입장료와 주차비를 지불하는 코스도 있으며, 성연마을 쪽으로도 올라갈 수 있는데, 이러한 정식 산행 코스는 아직 다섯 살에게 조금 버거울 것이다. 우리는 최단거리 코스를 찾아 오르기로 했다.

내비게이션에 '쉰질바위'를 입력했다. 아파트 주차장을 떠난 지 약 1시간 후 도착한 광성주차장. 내비게이션의 안내는 여기서 끊겼다. 잠시 당황했지만 얼마 지나지 않아 주차장 한 편에서 시작되는 임도를 발견했다. 차량 한 대만이 겨우 지나갈 법한 좁은 산길, 피할 곳 없는 외나무다리 같은 길이다. 길을 따라 올라가니 갈림길이 나왔고 우리는 폭이 더 넓은 우측 길로 들어섰다. 작은 현대식 건물로 된 암자 앞 공터에 차를 세우고 등산로 이정표를 확인했다. 정상까지 얼마나 걸리냐는 아들의 질문에 엊그제 인터넷 검색을 통해 찾은 정보를 떠올렸다. 한 시간이 채 걸리지 않을 것 같다고 답하며 돌계단을 오르기 시작했다.

초록이 무성한 산속, 졸졸 물이 흐르는 계곡을 끼고 걷는 재미가 쏠쏠했다. 이끼 낀 바위를 건너, '과연 여기가 등산로가 맞는 걸까?' 싶은 좁은 길을 따라 40분여를 올라 도착한 곳은 폭이 넓은 비포장도로. 수 미터 앞의 이정표는 '내연사 0.3km', '용허리골 0.2km' 그리고 우측으로 '쉰질바위'를 가리키고 있었다. 그제야 깨달았다. 앞서 지나온 외나무다리 길 끝의 갈림길에서 폭이 좁은 좌측으로 올랐어야 했다는 것을.

구불구불 긴 임도 끝에서 드디어 사방이 탁 트인 능선을 만났다. 한 시간이면 충분할 거라 생각했던 산행은 두 시간이 넘게 걸렸고 우리는 땀에 흠뻑 젖었다. 우측으로는 오서정 0.3km, 좌측으로는 오서산 정상 0.9km를 가리키는 양 갈래길. 이미 예정한 산행 시간을 훌쩍 넘긴 우리는 가까운 우측으로 향했다. '억새풀에 스며드는 서해의 낙조, 오서산'이란 글귀가 새겨진 정상석 앞에서 사진을 찍고, 몇 걸음 더 옮겨 너른 목조 데크 전망대에 앉아 잠시 땀을 식혔다.

"이럴 줄 알았으면 텐트 가지고 올걸……."

힘들여 올라왔는데 도로 내려가야 한다니 못내 아쉬웠던 모양이다.

다음 주에 다시 오자며 굳게 손도장을 찍고서야 표정을 편 다섯 살은 저 멀리 서해 바다가 보이는 오서정에서의 여유를 만끽했다.

한 주가 지났다. 눈앞에 아른거리는 오서정 덕분인지 일주일이 순삭이었다. 원래는 토요일에 오르려 했지만, 하루 먼저 가면 안 되냐는 아들의 성화에 결국 회사에 반차를 쓰고 금요일 오후에 출발했다. 오늘은 지난주보다 등짐은 무겁지만 발걸음은 가벼웠다. 지난 주 답사 산행 덕분에 착오 없이 쉰질바위를 찾아 직행했고, 한 시간 후 오서산 전망대 '오서정'에 도착했다. 아무도 없는 텅 빈 오서정, 새까만 새끼 염소 한 마리가 우리를 맞이했다. 우린 한편에 배낭을 내려놓고 주변을 둘러보기로 했다. 뒤따라오던 흑염소는 어느샌가 앞장서 우리를 리드했고, 우린 새끼 염소와 함께 오서산을 소요했다.

오서정으로 돌아오니 그새 꽤 많은 백패커들이 모였다. 혼자 오신 어르신, 오늘이 첫 출정이라는 청년, 자녀를 모두 출가시켰다는 중년의 부부, 대학생 조카를 데려와 함께 드론을 날리던 삼촌까지, 오늘의 이웃들과 인사를 주고받았다. 일몰이 다가오자 모두 약속이라도 한 듯 배낭을

풀기 시작했고, 우리 부자도 한편에 자리를 잡았다.

텐트 설치를 마치고 나서야 고개를 들어 하늘을 올려다보았다. 마치 양털을 조금씩 뭉쳐놓은 듯한 권적운이 하늘을 수놓았다. 손을 높이 뻗으면 잡을 수 있을 것 같다며 다섯 살은 폴짝폴짝 뛰었다.

"아빠 나 목말 태워줘! 그러면 구름을 손에 잡을 수 있을 것 같아!"

그때였다. 타들어가는 노을이 바다와 하늘이 맞닿는 경계를 붉게 물들이기 시작했다. 절경이었다. 황홀한 일몰에 사로잡힌 건 우리 부자만이 아니었다. 이웃한 백패커들 모두 일몰의 장관에 한동안 넋을 놓았다.

텐트가 빽빽이 들어찬 오서정의 밤은 지난 천황재와는 또 다른 분위기였다. 두런두런 이야기꽃을 피우던 이웃들은 삼삼오오 모여 함께 말을 섞기도 했고, 그러다 각자 다녀온 맛집, 멋진 박지, 볼거리가 많았던 등산 코스 정보를 주고받기도 했다. '운여해변은 힘들이지 않고 하룻밤 묵어가기 좋은 박지구나.', '산막이옛길이 걷기 좋구나.' 등등을 생각하며 조용히 메모해두었다. 나와 아들은 그들의 대화에 섞여 있지는 않았지만, 멀지 않은 거리라 자연스레 귀동냥을 했다.

늘 그렇지만, 산중의 밤은 도시보다 빠르게 찾아왔다. 9시 무렵 눈을 비비던 아들은 어느샌가 침낭과 한 몸이 되어 잠에 들었다. 그즈음 텐트 밖 이웃들도 서로에게 작별을 고했다. '편 아빠, 구름을 손에 잡을 수 있을 것 같아!

안한 밤 되세요.', '내일 일출 때 봬요!'

아침 5시가 채 되지 않은 시간, 나지막이 아들을 불러봤다. 지난번 천황산에서 일출을 놓친 것이 마음에 걸렸는지, 오늘은 꼭 깨워달라던 다섯 살. "이제 곧 해가 뜰 시간이야."라는 한마디에 "응. 나 지금 일어났어."라고 대답했지만 아직 눈은 뜨지 못했다. 새벽녘의 산 공기를 크게 들이마셔보자니 아직은 콧등이 시렸다. 얇은 재킷만으로는 뚝 떨어진 새벽 기온을 이겨내기 부족했던 다섯 살은 침낭을 몸에 둘둘 감고 텐트 앞에 앉았다.

5시 16분, 하늘을 붉게 물들이며 저 멀리 해가 빼꼼 머리끝을 내밀기 시작했다.

"와아아……."

누가 먼저랄 것도 없이 그 자리에 있던 모두가 낮은 목소리로 탄성을 자아냈다. 첩첩산중 사이사이로 낮게 깔린 운해가 그 멋을 한층 더해주었다. 다섯 살도 한참 동안 말을 잃고 추위를 떨쳐내며 떠오르는 태양을 바라봤다. 동그란 해가 모습을 드러내자, 영롱한 붉은빛을 피던 하늘이 거짓말처럼 청명한 파란색으로 변했다.

손 빠른 백패커들은 이미 인사를 남기고 길을 떠났고, 우리도 곧이어 배낭을 메고 하산길에 나섰다. 부지런히 움직인 덕분에 아침 9시가 채 되지 않은 시간에 집으로 돌아왔다. 아들

은 엄마와 함께 아침을 먹으면서 어제 바닷속으로 사라져서 오늘 산 너머로 다시 올라온 태양을 한참 동안 묘사했다. 문득 궁금해졌다. 다섯 살은 어제의 일몰과 오늘의 일출 중에 무엇이 더 좋았을까? 아들에게 물었더니 잠시 고민하던 아들이 미소를 띠며 대답했다.

"일출이 더 좋아. 왜냐하면 일몰이 지나면 금방 자야 하지만 일출부터는 계속 놀 수 있으니깐!"

날벌레의 습격

천황산에 다녀온 이후로 아들은 늘 자신이 해발 1,189m의 사자봉에 올라가 봤다는 이야기를 꺼내곤 했다. 그럴 때마다 어른들은 '아이를 데리고 그 높은 산에 어떻게 다녀왔니?'라고 되물었고, 나는 밀양에 가서 얼음골 케이블카를 타고 올랐으며, 7km 남짓한 산행이었다고, 천황재에서 천황산까지 오르는 길은 꽤나 가파른데 서진이가 잘 따라와주었다고 부연했다. 그래서일까, 어느 날은 아들이 케이블카를 타지 않고 높은 산을 오르고 싶다고 했다. 힘들고 높은 산을 다녀왔다고 자랑하고 싶은데, 꼬리표처럼 따라붙는 '케이블카'라는 단어가 썩 달갑지 않았던 모양이다.

높은 산이라고 해서 어려운 것도, 낮은 산이라고 쉬운 것도 아니라는 건 산을 좀 다녀본 사람이라면 누구나 아는 사실이다. 해발고도만 보고 높은 산을 선택하는 건 지양해야 하지만, 이제 갓 산행에 재미를 붙인 다섯 살에게는 좋은 동기부여가 될 수 있겠다는 생각이 들었다. 그렇다고 다섯 살과 험준한 산으로 등반을 감행할 수는 없는 일. 출발점의 해발고도가 높은 산행 코스를 찾아야 했다. 소위 말하는 치트키(게임을 쉽게 풀어가는 일종의 요령) 코스가 필요한 시점이다. 산중턱까지 차를 타고 오르는 오서산 쉰질바위 코스나 케이블카를 타고 오르는 천황산은 대표적인 치트키 코스였던 셈이다.

7월을 며칠 앞둔 날, 경상북도 영양으로 향했다. 내비게이션은 3시간 25분이 소요될 것이라 계산했다. 왕복 일곱 시간, 만만치 않은 거리임에도 운전대를 잡은 이유는 다섯 살에게 해발 1,200m를 경험시켜주기 위해서였다.

영양 일월산. 해발 1,219m의 높은 산이지만, 산 중턱에 자리한 KBS 중계소 덕분에 차로 해발 1,000m 근처까지 오를 수 있었다.

"아빠, 여기가 아빠할아버지 회사야?"

아들은 외할아버지를 엄마할아버지, 친할아버지를 아빠할아버지라고 불렀다.

어릴 적 아들과 많은 시간을 함께 보낸 장모님의 호칭을 알려주기 위해 "엄마의 엄마는 외할머니라고 부른단다."라고 오늘은 전세캠이다!

여러 차례 설명을 해줬는데도 '엄마할머니~ 엄마할머니~' 하더니, 언젠가부터 '외가', '친가' 대신 '엄마', '아빠'를 붙여서 부르는 다섯 살. 주차장 맞은편의 KBS 일월산 중계소를 본 아들은, 할아버지가 매일 이 멀리까지 왔던 거냐며, 할아버지는 일월산에 살았던 거냐고 묻는다. 아들의 아빠할아버지, 즉 친할아버지는 한국방송공사에서 프로듀서로 오랜 기간 근무했다. 손자를 만날 때마다 어찌나 얘기하셨는지, 아들은 아직 말이 서툴던 두 살 무렵에도 TV를 보다가 9번이나 7번 채널을 지나갈 때면 화면 우측 상단의 작은 방송사 마크를 가리키며 '아빠할아버지'를 외치곤 했다. 물론, 일월산 중계소는 아니었지만, 고작 다섯 살이 이런 걸 알 리 없다. 아이의 눈높이에서 설명했다. 방송국의 본사, 즉 모든 로봇이 모여있는 제일 큰 본부 기지는 서울에 있고, 일부 로봇이 모여있는 작은 기지는 제주도에도 대전에도 부산에도 광주에도 또 강원도에도 있다고. 잠시 아리송한 표정을 짓던 다섯 살은, 일단 '할아버지가 여기 계셨던 건 아니었다.'라는 정도는 이해했는지 고개를 끄덕였다. 주차장부터 정상석까지는 불과 1.7km 남짓. 정말 가성비 좋은 코스가 아닐 수 없었다.

마치 무대를 연상시키는 듯한 동그란 목재 데크 전망대가 우리를 반겨주었다. 궂은 날씨 때문일까, 대도시와 거리가 있는 지리적 특성 때문일까? 넓은 박지에는 아들과 나, 우리 둘뿐이다. 가득찬 가스로 인해 아쉽게도 조망은 없었다. 멀리 동해

바다 위로 떠오르는 해와 달을 가장 먼저 볼 수 있다고 해서 붙여진 일월산이라는 이름이 무색할 만치 시야는 답답했다. 아들에게 멋진 조망을 보여주지 못해 아쉬운 아빠의 마음을 아는지 모르는지, 맘껏 뛰놀며 계단을 오르내리는 아들은 그저 지금 이 순간이 즐거워 보였다.

오늘의 집을 짓고 옷을 갈아입었다. 분명 올라올 땐 반소매 상의만으로도 충분했는데, 도착하고 나니 긴팔 내복에 윈드재킷까지 겹겹이 입었는데도 서늘한 기운이 느껴졌다. 오후 7시, 온도계는 섭씨 14도를 가리키고 있었다. 날씨 앱으로 인근 지역의 기온을 찾아봤다. 아침 최저 기온 19도에 한낮 최고 기온은 30도, 현재는 모두 20도를 웃돌고 있었다. 도시의 기온과 산속의 기온은 제법 차이가 난다. 해발고도가 100m 상승할 때마다 기온은 0.4~0.6도가 떨어진다. 평균값인 0.5도로 계산하면 해발고도 1,200m인 이곳은 산 아래 도시보다 대략 6도가 낮은 셈이다. 얼추 맞아떨어진다. 시간이 지나자 기온은 12도로 떨어졌고, 경량 다운 재킷을 꺼내 아들에게 입혀주었다.

짙은 어둠이 내리깔린 깊은 산, 불을 밝히고 있는 건 아마도 우리뿐인가 보다. 랜턴 빛을 향해 일월산의 모든 날벌레들이 날아드는 것 같았다. 이름을 알 수 없는 형형색색의 날개 달린 곤충들, 손을 휘저으며 쫓아보려 했지만 역부족이었다. 다행히 아들은 크게 연연치 않았다. 어른 손바닥만 한 나방이 다가오자 놀라기는커녕 신기해하며 관찰하려 했다. 난 애써 태연한 척했지만 결국 한계에 봉착했다. 아들에게 텐트로의 피신을 종용했고 얼마 지나지 않아 아들은 잠에 들었다.

이튿날 집으로 돌아오는 길, 맑게 갠 하늘 아래 기온은 30도를 훌쩍 넘어섰다. 전방에 속리산 IC 이정표가 보였다. 아이들이 물놀이하기 좋은 계곡이 속리산 IC 밖 5분 거리라던 이웃사촌의 이야기가 떠오른 나는 핸들을 꺾었다.

서원계곡. 좁고 긴 골짜기를 생각했는데, 어지간한 강줄기만큼이나 폭이 넓은 천연 물놀이장이었다. 물 건너편까지 20m는 족히 되어 보였다. 계곡 가장자리에는 가족 단위의 텐트와 타프가 즐비했고, 아이들의 웃음소리가 가득했다. 집에 있는 아내와 둘째 생각이 났다.

다음 주부터는 본격적인 여름이 시작되는 7월. 100일 하고도 한 달쯤 지난 둘째도 이제 엄마, 아빠, 오빠와 함께 여행을 즐길 수 있을 거란 생각이 들었다

"아들, 우리 다음 주에는 엄마랑 동생이랑 네 식구 다 같이 여행갈까?"

다음부터는 양갱도 챙겨오자

여름은 빠르게 지나갔다. 가벼운 배낭을 멘 당일 산행도 다녀오고 물길을 따라 계곡을 거스르며 오르내리는 트레킹도 다녀왔다. 푸르른 삼척 바다에서 해수욕을 즐기기도 했고, 늦여름의 장맛비가 내리던 날 아들의 또래 친구 가족과 함께 운주 계곡의 캠핑장으로 오토캠핑을 다녀오기도 했다. 그중에서도 아들에게 제일 좋았던 시간은 엄마와 동생, 이웃사촌 사남매, 그리고 동네 친구와 함께했던 갈론 계곡에서의 나날이 아니었을까 싶다. 맑은 물과 수려한 산세가 어찌나 마음에 쏙 들었는지, 지난 두 달 새 예닐곱 번은 다녀온 것 같다.

물론, 여름 동안 박배낭을 잊고 살았던 건 아니다. 무더위가 한참 기승이던 8월 초, 경북 봉화의 불편한 야영장으로 아들의 일곱 번째 백패킹을 다녀왔다. 불편한 야영장, 국립 청옥산자연휴양림 제5야영장의 다른 이름이다. 지난해 '자연은 가까이, 사람은 멀리…… 청정 봉화에서 불편한 휴식'이라는 제목의 기사를 본 후로 줄곧 마음속에 품고 있던 곳이었다. 해발 850m에 위치한 청옥산 야영장은 8월의 무더위를 잊을 만큼 선선했다.

오매불망 기다리던 9월이 되었다. 8월의 휴양림을 제외하면 근 석 달 만의 백패킹이다. 아들과 함께 산그리메를 볼 수 있는 곳으로 가고 싶었다. 첩첩이 쌓인 산봉우리와 능선을 감상할 수 있는 탁 트인 조망을 가진 곳으로 말이다.

충북 영동의 민주지산이 떠올랐다. 주변의 연봉을 두루 굽어볼 수 있다고 하여 이름 붙여진 산이다. 언젠가 한번은 올라 보고 싶었지만 아직은 무리라는 걸 잘 알고 있었다. 혹시나 하는 마음에 먼저 다녀온 선배 백패커들의 발자취를 쫓았다. 경상북도 김천, 전라북도 무주, 충청북도 영동까지, 삼도와 접한다는 해발 1,176m의 삼도봉. 민주지산을 거쳐 삼도봉에 오르기 위해서는 충청북도 영동의 물한계곡에서 출발해, 15km 코스를 돌아서 오는 게 일반적이지만, 우리는 삼도봉으로 바로 오를 수 있는 왕복 2.4km 남짓의 짧은 등산로를 선택했다.

오후 4시, 경상북도 김천의 삼도봉 주차장에 도착해 기지개를 켜며 굳은 몸을 풀었다. '물부리터샘'이라 새겨진 작은 석

주를 끼고 우측 돌계단을 따라 올라가며 산행을 시작했다. 경사가 꽤 가파른 구불구불 좁은 길이 눈앞에 펼쳐졌다. 출발점부터 목적지까지의 표고차 대비 이동 거리가 짧다는 건 그만큼 경사가 가파르다는 반증이란 사실을 산행 중반부에 새삼 깨달았다. 분명, 이제 무더위가 한풀 꺾인 가을이라 생각했는데 오산이었다. 시간이 지날수록 배낭은 어깨를 짓눌렀고 다리는 무거워졌다. 하지만 나와 다르게 다섯 살의 발걸음은 거침이 없었다. 오랜만의 산행이기 때문인지, 모처럼의 백패킹이라는 설렘 때문인지 오늘따라 발걸음이 가벼운 아들은 거침없이 돌계단을 뛰어올랐다.

"안녕, 반가워, 삼도봉. 만나고 싶었어!"

삼도봉에 당도했다. 보통 박배낭을 메지 않은 성인이 40분이면 오를 수 있다고 들었는데, 우린 1시간 20분이나 걸렸다. 배낭을 내려놓은 아들은 지난 며칠 동안 사진으로 보아왔던 세 마리의 거북이와 용이 서로 등을 맞댄 석탑에게 인사를 건넸다.

"삼도봉 대화합 기념탑, 이곳 소백산 기슭 삼도봉(해발 1,176m)은 충북, 전북, 경북, 3 道의 분기점……."

요즘 제법 한글 읽기에 재미를 붙인 다섯 살은 더듬더듬 석문을 읽어보려 하지만 내용이 썩 쉽지 않았다.

일몰을 감상하고 나니 벌써 저녁 시간이었다.

"아빠, 배고파! 우리 라면 먹어요! 라면! 라면!"

야영장과 대피소 등 취사가 허가된 일부 구역을 제외한 나머지 산림 지역에서는 화기 사용이 금지되어 있다. 백패커는 물론 산행을 즐기는 모두가 반드시 지켜야 하는 항목임에도 작고 가벼운 버너와 가스를 휴대하여 물을 끓이거나 고기를 굽는 등의 행위가 암암리에 이루어지고 있다고 한다. 자칫 대형 산불로 연결될 수 있는 이러한 행위는 엄연한 범법이다. 화기를 사용하지 않고도 맛있는 만찬을 즐길 방법은 다양하다. 다섯 살이 제일 즐겨 먹는 건 단연 컵라면이다. 집을 나서기 직전 보온병에 담은 뜨거운 물은 당일 저녁 컵라면을 익히기에 모자람이 없다. 별도의 조리가 필요 없는 삶은 달걀과 김밥, 편육을 먹기도 하고, 껍질을 벗겨 손질해 둔 과일을 곁들이기도 한다. 스스로 가열할 수단을 가지고 있는 간편식도 있다. 일명 전투식량. 금속 소재의 다회용기 또는 일회용 전용 파우치에 아이 손바닥만 한 발열체를 넣고 일정량의 물을 부으면서 발생하는 화학 반응으로 음식을 데워 먹는다.

우리는 발열체를 이용한 전투식량과 컵라면, 소시지 그리고 야채와 고기가 섞인 통조림을 먹었다. 평소 집에서는 되도록 인스턴트식품을 멀리하기에 오늘처럼 야외에 나와 먹는 컵라면과 소시지는 다섯 살에게 매우 특별한 식사다.

저녁 8시, 산중의 저녁은 도시의 밤보다 더 어둡다.

보름에 가까운 둥근 달은 밝은 빛을 뿜었다. 달빛 머금은 먼 산 능선을 감상하는 것도 잠시, 조금 전까지 12도를 나타내

안녕, 반가워, 삼도봉.

만나고 싶었어!

던 작은 전자식 온도계가 금세 11도를 가리켰다. 오늘이 아들과 내가 산에서 보내는 하룻밤 중 가장 낮은 기온일 듯했다. 양쪽 주머니에 핫팩을 하나씩 넣고 만지작거렸다. 한 뼘 남짓한 작은 파우치가 금세 침낭 안을 훈훈하게 데워주었다. 텐트 밖으로 네댓 명의 발걸음 소리가 들렸다. 아마도 긴 산행 끝에 늦은 밤 삼도봉을 찾아 둥지를 트는 백패커들인 듯했다. 어렴풋이 들려오는 그들의 인기척에 귀를 기울이다 스르륵 잠들었다.

밤새 굉장한 바람이 불어닥쳤다.

아침 해돋이를 보기 위해 이른 시간 일어났지만 안타깝게도 삼도봉은 자욱한 운무 속에 갇혀 있었다. 한 조각 빵과 온기가 조금 남은 보온병의 물 한 잔으로 가볍게 아침을 해결한 후 정리를 시작했다.

텐트를 접어 넣는데 무언가 허전했다. 바람을 이기지 못한 텐트 플라이의 세모꼴 투명창이 떨어진 것이다. 다행히 멀지 않은 곳에서 찢어진 조각을 발견해 주워 담았다.

바람에 맞서며 계단 아래로 걸음을 내딛으려던 찰나, 지난밤 새로 생긴 노란 텐트의 지퍼가 열리며 30대 초반쯤으로 보이는 백패커가 고개를 빼꼼 내밀었다. 안경을 고쳐 쓰고는 다섯 살을 빤히 보더니, "얘야, 잠깐만!" 하고 아들을 불러 세웠다. 그러곤 텐트 안을 뒤적이더니 양갱을 꺼냈다. 산에서 이렇게 어린 친구는 처음 본다며, 네가 좋아할 만한 사탕이나 젤리가 없어 미안하다는 말도 덧붙였다. 삼촌 백패커의 따듯한 마음을 다섯 살도 느꼈나 보다. 머리가 땅에 닿을 듯 고개 숙여 "감사합니다!"라고 인사한 뒤 몽환적인 안갯속을 헤치고 하산했다. 주차장까지는 1시간이 걸렸다. 뒷좌석 카시트에 앉아 안전벨트를 맨 다섯 살은 제일 먼저 '삼도봉 삼촌에게 받은 양갱'을 찾아 한 입 크게 베어 먹었다.

"음, 쫀득거리는데 젤리와는 다르네! 맛있어! 아빠, 우리 다음부터는 양갱도 간식으로 챙겨오자!"

바람과
함께
올라서다

가보고 싶은 곳이 생겼다. 거대한 풍력발전기 아래 너른 목초지를 형형색색의 텐트가 빼곡하게 수놓고 있는 진풍경. 백패커라면 누구나 한 번쯤 그 넓은 초록 위에 머무르는 상상을 해봤을 법한 곳, 바로 강원도 평창의 선자령이다.

10월의 첫 토요일, EBS의 '모여라 딩동댕' 번개맨의 엔딩송이 흘러나오기 시작할 무렵 부지런히 현관을 나섰다. 날이 좋아서일까, 월요일까지 이어지는 개천절 황금연휴 덕분일까? 고속도로 정체가 심상치 않았다. 어쩌다 보니 국민 대이동의 반열에 함께한 우리는 집을 떠난 지 다섯 시간이 훌쩍 지난 후에야 목적지인 '대관령마을휴게소'에 도착했다.

겨우 주차를 한 뒤, S자로 구불구불 이어지는 포장도로를 따라 오르고 또 올랐다. 볼록거울 앞에서 나란히 사진을 찍기도 하고, 빠른 걸음으로 옆을 지나치는 백패커들과 인사를 나누기도 했다. 도로를 따라 십여 분을 더 올라가니 좌측으로 '대관령 국가 숲길 안내도 – 목장 코스'라는 안내판과 함께 '선자령 3.2km'라는 이정표가 보였다. 거친 콘크리트로 포장된 도로를 걷다가 폭신한 야자 매트가 깔린 등산로를 걸으니, 몸도 마음도 편안해지는 기분이었다.

"아빠, 정상까지는 얼마 남았어?"

아이와 함께 산을 좀 다녀본 부모라면 셀 수 없이 들어 봤을 질문.

다섯 살 아들도 다를 바 없다. 정말 궁금해서일 수도 있고 습관처럼 물어보는 것일 수도 있다. 때론 '지금 나 힘들어.'의 다른 표현일 수도 있을 거다. 아들과 처음 산행을 시작했을 때만 해도 난 여느 산사람들과 같이 "거의 다 왔어!", 금방 도착해!"를 반복하는 거짓말쟁이였다. 하지만 그런 선의의 거짓말이 결코 아들에게 도움이 되지 않는다는 사실을 오래지 않아 깨달았다. 아직 큰 숫자나 미터 또는 킬로미터와 같은 단위를 이해하기엔 어린 아들이지만, 1부터 10까지의 수는 충분히 이해하는 다섯 살이다. 그래서 나는 우리가 이동해야 하는 전체 거리를 '10'으로 전제하고 이동한 거리와 남은 거리를 알려주기 시작했다. 가령, 총 3.2km 구간 중 1km를 이동했다면, "서진아, 10 중에서 3을 지났어. 이제 7만 더 가면 돼!"라고 전달해주는 거다. 다행히도 이와 같은 설명은 다섯 살을 만족시키기에 충분했다.

110cm 남짓한 키에 체중 17kg의 다섯 살 꼬마는 산행객들의 시선을 사로잡았다. 열에 아홉은 그냥 지나치지 못하고 잠시 서서 아들을 지켜보기도 하고, 누구랑 왔는지 나이는 몇 살인지를 묻기도 했다. 그렇게 응원받으며 걸음을 옮기던 우리는 드디어 텐트가 즐비한 너른 초원에 당도했다.

과연 여기가 대한민국이 맞는가 싶은 이국적인 풍경이 눈앞에 펼쳐졌다.

5분 남짓 더 올라 마주한 정상석. '백두대간 선자령'이라 새겨진 6m 높이의 거대한 돌기둥 앞에 아들과 나란히 서서 사

지난 몇 달간 마음에 품었던 선자령 정상석 앞에서
사진을 남기는 순간이 참 감사했다.

진을 남겼다. 지난 몇 달간 마음에 품고 있던 선자령의 정상석 앞에서 사진을 남기는 순간이 참 감사했다. 우리의 마음을 빼앗은 초원으로 돌아가 새 텐트를 개시했다. 지난달 삼도봉에서 찢어진 녹색 텐트는 수선소에 맡겼고, 아들이 고른 2인용 캐러멜 색상의 텐트를 들였다.

해질 녘이 가까워져일까, 이제야 체감하는 걸까. 적잖이 불어오는 바람 속에서 텐트를 피치하려니 여간 어렵지 않았다. 자칫 잘못하다가는 회오리바람에 집이 날아가는 '오즈의 마법사' 도입부의 한 장면이 될 수도 있겠단 생각이 들었다. 텐트를 바닥에 깔고 그 위에 아들을 앉힌 후 먼저 네 귀퉁이에 팩을 박았다. 폴대를 조립한 후 텐트를 세웠고, 그 위에 플라이를 덧씌웠다. 시간이 갈수록 더 세게 몰아치는 바람을 피해 텐트 안으로 들어갔다.

아들은 침낭과 매트를 뒤적이며 오늘의 '서프라이즈'를 찾았다. 깜짝 선물. 아들이 세 살 무렵부터 함께 캠핑을 다니며 시작한 우리만의 전통이다. 낯선 곳으로 캠핑이나 여행을 갈 때면 늘 책 한 권을 잠자리 한편에 숨겨 놓고, 잠들 무렵이면 숨겨진 책 선물을 찾아 함께 읽는 습관이다. 평소와는 다른 하루를 보낸 뒤 잠들기 아쉬워하는 아이에게, 잠들기 직전의 '선물 찾기 놀이'는 자연스러운 수면 유도에 더없이 효과적이었다. 어릴 때는 그림책 위주였다면 제법 한글을 읽을 줄 아는 요즈음은 그림과 글이 골고루 섞인 동화책을 선물해주었다. 오늘의 책은 안데르센의 단편 동화 〈미운 아기 오리〉.

지난달 삼도봉의 바람은 애교에 불과했다. 밤사이 텐트가 송두리째 뽑힐 것만 같은 굉장한 바람이 불었다. 잠을 자는 둥 마는 둥 반쯤 뜬눈으로 아침을 맞았다. 텐트 밖의 인기척에 조심스레 텐트의 지퍼를 내려보았다. 지난밤의 바람을 이기지 못한 몇몇 텐트가 바닥에 누워있었다. 중간중간 불어오는 돌풍이 아직은 매서웠다. 텐트 안에서 바람이 좀 더 잠잠해지길 기다리며 아들에게 플레잉 카드 게임을 가르쳐주었다. 어린 시절 누구나 한 번쯤 해봤을 '원카드' 게임. 일곱 장의 카드를 나눠 가진 뒤 손에 있는 카드를 모두 털어버리면 승리하는 고전 게임이다. 아빠는 진심으로 임하면 안 된다. 한 끗 차이로 아들이 이길 수 있도록 자연스럽게 게임을 끌고 가는 게 포인트다. 그렇게 한 시간쯤 게임을 즐기고 나니 바람이 잦아들었다.

자리를 정리하기 시작했다. 이제 제법 속도가 붙어서 철수는 금방이다. 오늘따라 떠나기가 아쉬웠는지, 배낭을 멘 아들이 머물렀던 자리와 작별하기까지 한참의 시간이 걸렸다. 높다란 풍력발전기를 배경으로 오래도록 오늘을 추억할 사진 한 장을 더 남긴 우리는 어제의 추억을 곱씹으며 올라왔던 길을 되돌아 내려갔다.

그럼 아빠를 트래버스라고 부르면 돼?

아들과 아름다운 순간을 오래 간직하고 싶었던 나는 눈에 담고 마음에 새긴 기억이 흩어지기 전에 '후기'라는 꼬리표를 달아 온라인 커뮤니티에 기록했다.

아내와 연애 시절에 수없이 캠핑을 즐겼음에도 세 살 아들과 함께하는 세 식구의 첫 캠핑에는 염려되는 것이 많았던 그때 백만 회원을 거느린 포털사이트의 대형 캠핑 카페를 찾아 가입했다. 캠핑장과 캠핑 장비의 정보를 얻거나 궁금한 제품의 실사용 경험을 묻는 등 집단지성을 활용하고자 하는 목적이었다. 그러나 그곳에서 난 내가 겪어왔던 텐트 생활과는 전혀 다른 새로운 캠핑의 세계에 눈을 떴다.

소위 '노지 캠핑'이라 부르는 산이나 바닷가에서 하는 야영만 알던 우리 부부는 비용을 지불하고 자리를 빌리는 유료 캠핑장의 존재를 알게 되었고, 분전함에서 전기를 끌어다 쓸 수 있다는 사실에 감탄하기도 했다. 아내와 아들은 전기장판이라는 문명의 이기 덕분에 추운 계절에도 텐트 안에서 따듯하게 잠을 청할 수 있었고, 그렇게 우리 세 식구는 수많은 주말을 캠핑장에서 보냈다.

하지만 처음 가입한 캠핑 커뮤니티의 회원들은 대개 백패킹보다는 오토캠핑에 진심이었다. 아들과의 백패킹을 준비하던 무렵 나는 백패커들이 좀 더 주류가 되는 커뮤니티를 찾았다. 그곳은 온라인 교류뿐 아니라 오프라인 모임이 이루어지는 공간이었기에 최초 가입 시 본인의 얼굴이 드러난 사진을 등록해야 한다는 가입 요건이 있었다. 이러한 실명實名 아닌 실면實面 인증 과정 덕분에 텍스트가 시끄러운 키보드 워리어들, 즉 '온라인 빌런'이 비교적 적다는 점은 나에게 안정감을 주었고, 종종 드나들며 정보를 나누곤 했다.

대부분 온라인에서는 본명 대신 닉네임을 사용한다. 나에게는 두 개의 닉네임이 있다. 백패킹과 산행을 하는 커뮤니티에서는 '트래버스'다. 사전적 의미는 '횡단하다'로, 흔히 우리가 얘기하는 '종주' 산행을 의미하다. 캠핑을 포함한 그 밖의 모든 온라인 세계에선 '좐다르크'로 불린다. '좐다르크'는 나의 세례명인 '요한'의 영어식 발음 '좐John'으로부터 비롯되었다.

지난 5월, 아들과 함께했던 첫 백패킹의 순간을 몇 장의 사진과 글로 이들 커뮤니티에 남겼다. 그저 그날을 기억하고자 작성했던 첫 게시글은 기대치 않은 관심과 응원을 받았고, 이를 계기로 아들과 함께 다녀온 여정을 좀 더 부지런히 온라인 세계에 기록하기 시작했다.

캠퍼로서 백패킹의 자유를 갈망하지만 현실에 안주하며 타인의 글로 대리만족하는 이들, 실제 백패커로서 자신의 노하우를 공유하고 다른 이의 경험을 엿보는 이들, 자녀와 백패킹을 함께하고 있는 동료 백패커, 언젠간 자신도 꼭 자녀와 백패킹을 시작해 보겠다는 예비 부모 백패커까지, 다양한 이들과 공감하고 응원의 댓글을 주고받으며 지난 여섯 달 동안 열한 번의 백패킹을 다녀왔다.

아들과의 두 번째 오서산을 오르던 11월의 어느 날, 온라인에서 서로 안부를 물어오던 한 아빠 백패커가 제안을 해왔다.

"트래버스님, 일정 맞춰서 부자간 백패킹으로 한번 뵐까요?"

초등학교 5학년 아들과 함께 부자백패킹을 즐기는 동료 백패커였다. 서로의 여정을 응원하고 정보를 주고받으며 때론 그들이 다녀온 후기를 보고 내가 뒤따르기도 했다. '온라인에서 스친 낯선 이를 오프라인에서 만난다.' 마치 영화 '접속'처럼 설렘 가득한 일이었다. 영화 같은 만남은 현실로 다가왔다. 초5 아들의 아빠는 이왕 판 벌이는 거 제대로 한번 해보자며 함께할 아빠 백패커를 몇 명 더 모으자고 했고, 온라인 커뮤니티를 통해 네 명의 아빠 백패커가 뜻을 모았다. 디데이는 12월 4일 토요일, 장소는 경상북도 상주시에 있는 작은 산이었다.

약속된 날까지는 앞으로 보름이 남았다. 아빠들은 각자의 일과를 마친 저녁 시간에 랜선 만남을 통해 세부 내용을 논의했다. 아이와 함께하는 백패킹이 처음이라는 한 아빠는 궁금한 점이 많았다. 서로의 경험을 공유하고 정보를 나눴다. 무엇을 먹을지, 복장은 어떻게 하는 것이 좋을지, 아이들과 함께할 프로그램은 어떤 것이 있을지, 각자 숙제를 나눠 들고 헤어졌다. 아빠들의 랜선 만남을 곁에서 묵묵히 지켜보던 아들은 궁금증을 터뜨렸다.

"아빠! 아빠는 왜 박준형이 아니고 '트래버스'야? '굼벵이 왕자'는 누구고 '울란빡트로'는 또 뭐야?"

아직 온라인과 오프라인의 개념을 이해하지 못하는 다섯 살에게 빈 종이에 그림을 그려가며 설명했다.

"아들, 악어 놀이터나 숫자 놀이터에 가서 처음 보는 친구와 함께 어울려 놀기도 하고, 내일 또 만나자 약속하며 서로 이름을 묻거나 몇 동에 사는지, 어느 유치원에 다니는지 묻기도 하지? 여기는 모두 현실 세계야. 그런데 이 컴퓨터 안에서도 사람을 만날 수 있어. 예를 들어, 아빠가 아들과 함께 백패킹 다녀온 사진과 글을 올리면, 랜선 이모 삼촌들이 댓글로 '서진이 멋지다.' 해줬던 거 기억나? 지난번에 서진이에게 등산 스틱 쥐는

법 알려준 삼촌도 있었잖아. 이 공간을 온라인이라고 해. 현실 세계는 오프라인! 컴퓨터 속 세계는 온라인!"

"아! 그러니까, 컴퓨터에서 만난 열한 살 형아, 열 살 누나, 여덟 살 누나, 이렇게 세 명과 함께 아빠랑 내가 지난여름에 소나기 맞으며 하산했던 나각산으로 백패킹을 간다는 거지? 그리고 거기서는 그럼 아빠를 트래버스라고 부르면 돼? 아빠라고 안 부르고?"

하하. 웃음이 나왔다. 설명이 부족했는지 한 번에 이해하기는 무리였나 보다. 남은 날 동안 차근차근 다시 알려줘야겠다고 생각하며 랩탑을 덮었다.

기록을 남겨 보세요

'기억은 기록을 이길 수 없다'고 합니다. 함께 영유했던 어린 시절의 기억을 언제든 열어볼 수 있도록 아빠의 시선으로 정리해보는 건 어떨까요? 한없이 천진난만할 것만 같던 아이도 언젠가 고학년이 되고 청소년이 되며 다양한 성장통을 겪게 될 겁니다. 사춘기를 겪을 테고 혼자만의 시간을 갈망하는 때도 올 수 있겠죠. 자신이 사랑받았던 유년 시절 밝은 기억은 이러한 힘든 시기를 이겨내고 바른길을 되찾는 뿌리가 된다고 합니다.

첫째, 어디에 남길지 생각해보세요.

온라인, 오프라인, 또는 노트나 다이어리 같은 아날로그 방식 중 자신에게 제일 편한 방법을 찾아보세요.

저는 기록의 수단으로 동호회 커뮤니티를 선택했습니다. 캠핑과 백패킹, 등산 등 아웃도어 활동을 즐기는 분들이 모여 서로의 취미를 공유하고 정보를 얻는 커뮤니티에 '후기' 형식으로 기록했습니다. 첫 글은 '드디어 아들과 함께 첫 백패킹을 왔어요.'였습니다. 그 후로 '아들과 함께한 두 번째 백패킹', '아들과 함께한 세 번째 백패킹'…… '아들과 함께한 마흔세 번째 백패킹'까지. 연재 형식으로 글을 남겼습니다. 나만의 채널을 가지는 것도 좋겠지만, 비슷한 취미를 향유하는 사람들이 모인 공간이었기에 서로를 이해하고 응원해준다는 장점이 있었어요. 시간이 흐른 후에도 포털사이트 검색을 통해 보다 손쉽게 오늘의 기록을 찾아볼 수 있으리란 기대도 있었습니다.

둘째, 기록은 늘 정직하고 솔직하게 남겨주세요.

기록도 일기에 준한다는 개념으로 솔직하게 남겨보세요. 그때 느꼈던 감정, 말투, 소리, 기온과 냄새까지, 최대한 상세하게요. 시간이 지나 열어봤을 때 그날의 생생함을 고스란히 느낄 수 있습니다. 또 사진과 영상을 많이 남겨보세요. 좋은 카메라는 필요치 않습니다. 가지고 있는 휴대전화면 충분해요. 휴대전화로 찍은 사진에 자세한 시간과 위치 등 메타정보가 남기에 일정 시간이 지난 후에도 기억을 더듬어 기록을 남기기가 한결 수월합니다.

셋째, 아이와 함께 열어보세요.

저는 주로 출퇴근 시간 동안 아이와 함께한 기록을 정리합니다. 후기의 형태로 말이죠. 찰나를 포착한 사진과 함께 상황을 부연하며 시간 순서대로 작성합니다. 사진에 채 담기지 못한 순간의 정황을 글로 기록하는 거죠. 어느 정도 한글을 깨친 아이라면 충분히 읽을 수 있도록 쉬운 내용으로 쓰곤 합니다. 그리고 아이와 함께 나란히 앉아 스크롤을 내리며 읽어봅니다. "어! 아빠는 그랬어? 난 이랬는데!"라며 자신이 느낀 감정을 공유하기도 하고, 바닥에 누워 쉬는 사진 아래 부연한 '아들이 지쳤어요!'를 읽고는, "에이~ 아니야! 나 그때 힘들어서 누웠던 거 아니야, 그냥 눕는 게 재미있었어!"라며 센척하는 아이의 반응을 엿볼 수도 있습니다. 이따금 1~2년 전의 기록을 함께 들춰볼 때면, "아! 저 때는 내가 저 산을 힘들어했구나! 지금은 한 번에 올라갈 수 있을 텐데!"라며 어릴 적 자신과 현재 자신의 체력을 비교하며 "아빠 우리 다음 주말에 저기 다시 가보자!"라고 의지를 보이기도 합니다.

그저 함께 보고 느꼈던 것을 담담하게 있는 그대로 남겨보세요. 그리고 아이와 함께 지난날을 돌아보세요. 자녀의 성장을 발견하는 순간의 보람이 또 다른 기록을 남기게 만드는 즐거움이 될 것입니다.

Chapter 3

Into the Unknown

과유불급
말고
과유유급

드디어 동료 아빠들과의 백패킹이 한 주 앞으로 다가왔다. 12월, 한 차례 비가 내린 후 아침저녁의 기온이 0도 안팎으로 뚝 떨어졌다. 추운 겨울날의 등산이나 눈꽃 산행 경험은 있지만 야외 취침은 전혀 다른 얘기다. 무모하게 나갔다가 아이가 감기라도 들면 큰일이다. 준비가 필요했다.

먼저, 복장에 대한 고민을 시작했다. 평소 야외활동을 할 때도 마찬가지지만, 특히 겨울산에선 체온조절을 위해 적절한 레이어링, 즉 겹겹이 입는 것이 매우 중요하다. 더울 땐 한 겹 벗고, 추울 땐 한 겹 덧입는 운용을 할 수 있어야 한다. 그런데 대부분 아이들은 두꺼운 패딩 점퍼 한 겹에 보온을 의지한다. 산을 오르다 보면 몸에 열이 생성되는데, 이때 점퍼를 벗으면 춥고 입으면 더운, 자칫 이러지도 저러지도 못하는 곤란한 상황이 되기 쉽다. 의류의 무게와 부피 역시 산행 시에는 적잖은 부담이 되기에 이 또한 고려해야 한다.

그렇다면, 어떻게 입어야 할까? 일반적으로 야외활동가들이 말하는 '베이스 레이어 → 미드 레이어 → 아우터 레이어'의 큰 틀을 기준으로 나는 다음과 같이 준비했다.

'베이스 레이어'는 속옷 또는 내복을 생각하면 쉽다. 기온과 날씨 여건에 따라 상의만 입기도 하고 상·하의를 모두 입기도 한다. 아이의 피부와 바로 맞닿는 의류로, 피부에 자극을 주지 않는 감촉도 중요하겠지만 흡습·속건 기능을 지닌 소재인지 먼저 확인해야 한다. 수분을 쉽게 머금는 면 같은 천연섬유보다는 폴리에스터나 나일론 등의 합성섬유, 천연섬유와 합성섬유의 혼방 제품이 적절하다. 이러한 의류는 대부분 어느 정도 신축성이 있기에 낙낙한 크기보다는 아이의 몸에 딱 맞거나 적당히 타이트한 사이즈가 좋다. 낙낙한 옷은 운행 중 자칫 피부 마찰을 일으켜 아이가 불편함을 호소할 수도 있기 때문이다. 0도 이하의 기온일 경우엔 라운드넥보다 터틀넥 상의를 입는 것을 선호하는 편이다.

'미드 레이어'는 단열, 즉 보온을 담당한다. 날씨와 기온에 따라 한 겹이 될 수도 있고 두 겹 이상이 될 수도 있다. 나는 플리스 소재의 상의를 주로 입히는데, 전면이 개방되는 풀 집업 재킷보단 풀오버 타입의 하프 집업을 선호한다. 기온이 영하를

겨울에는 과유불급이 아닌 과유유급이어야 한다.

밑도는 날이면 플리스 상의와 베이스 레이어 사이에 도톰한 합성섬유 터틀넥을 한 겹 더 입히기도 한다.

'아우터 레이어'로는 보온보다는 방풍과 방수, 투습에 초점을 맞춘 셸 재킷을 주로 활용한다. 흔히 겨울날의 외투라고 하면 우모복(거위 또는 오리 등 조류의 털을 보온재로 사용하는 방한 의류)을 떠올리는 경우가 많은데, 이 옷은 박지나 쉼터에서 식사를 하거나 휴식을 취할 때 주로 입는다. 이른 아침이나 늦은 저녁, 또는 영하 5도 이하의 낮은 기온이거나 강풍으로 인해 체감기온이 낮을 경우에는 셸재킷과 미드 레이어 사이에 경량 다운재킷(우모 충전량이 적은 가벼운 재킷)을 한 겹 더 입힌다.

다만, 10분 이상 긴 휴식을 하거나 박지에 도착한 직후에는 추위를 느끼기 전 두꺼운 헤비 다운(우모 충전 량이 풍부한 방한 점퍼)을 덧입혀 체온을 유지해야 한다. 헤비 다운을 입었더라도 최대한 빠른 시간 내에 텐트 혹은 쉘터를 설치 후 바람을 피하는 것이 좋다. 산행 동안 흘린 땀으로 '베이스 레이어'나 양말이 젖었을 경우, 젖은 의류로 인해 동상에 걸리거나 저체온증이 올 수도 있기 때문에, 체온이 떨어지기 전 최대한 빠른 시간 안에 여벌 옷으로 갈아입혀 줘야 한다.

그 밖에도 동계 산행 및 백패킹에 필요한 용품들이 있다. 바로 모자와 장갑, 다운 부티, 바라클라바 그리고 하의 우모복이다. 하의 우모복은 상의와 마찬가지로 장시간 휴식을 하거나 박지 도착 후 체온 유지를 위해 입는다. 머리와 귀, 그리고 손을 보온해주는 모자와 장갑도 필수다. 다만 산행 시에는 적절히 쓰고 벗으며 체온 조절을 해줄 필요가 있다. 다운 부티는 발의 체온을 유지해 주는 우모가 충전된 덧신이고, 바라클라바는 눈을 제외한 얼굴 전체를 보호해주는 방한 도구다. 영하의 찬 바람이 불거나 눈보라가 칠 때 얼굴 피부를 보호할 수 있다.

함께 아웃도어를 즐기는 동료와 늘 하는 말이 있다. 겨울에는 과유불급過猶不及이 아닌 과유유급過猶有及이어야 한다고. 특히나 아이와 함께할 땐 더욱 그렇다. 동계에는 넉넉하고 여유 있는 대비가 필요하다.

겨울 아침 공기는 아이스크림처럼 시원해

네 명의 아빠와 네 명의 자녀가 처음 마주하는 자리다. 각자의 배낭을 메고 동그랗게 모여 서서 첫인사를 건넸다.

"안녕하세요. 저는 세종에서 온 트래버스, 박준형입니다. 그리고 여긴 제 아들 서진이에요."

양평에서 온 열한 살 형과 아빠, 구리에서 온 여덟 살 누나와 아빠, 그리고 울산에서 온 열 살 누나와 아빠까지, 서로의 소개를 마친 후 천천히 등산로로 이동했다.

오늘의 목적지는 경상북도 상주의 나각산. 지난여름 아들과 당일 산행을 다녀오기도 했던 나각산은 해발고도 240m의 높지 않은 산이지만 낙동강을 전망하는 팔각정과 출렁다리, 성인 키를 훌쩍 넘어서는 웅장한 정상석, 그리고 서로 다른 방향을 조망하는 3개의 전망데크까지, 작지만 알찬 산이다.

나각산 정상까지는 북쪽에서 내려오는 '물량리 코스'와 남쪽에서 오르는 '낙동리 코스'가 있다. 낙동리부터 정상까지는 왕복 4km로 소나무 숲을 지나 완만하게 오르는 코스고, 물량리에서 오르는 코스는 왕복 2km가 채 되지 않지만, 상대적으로 등산로 초반부가 가파른 편이다. 나각산을 선택한 배경은 첫 백패킹 때 전월산을 선택한 것과 비슷하다. 12월의 겨울은 모두가 처음이었기에 만약의 경우 빠른 하산이 가능해야 했고, 아이가 오를 수 있는 수준의 어렵지 않은 등산로이며, 박지의 차선책이 있는 곳이어야 했다. 물론 야영 금지구역이 아니어야 하는 건 기본이다.

아빠들은 산을 오르며 가벼운 안부를 주고받았다. 오는 길은 막히지 않았는지, 점심은 무얼 먹었는지, 또 자녀와 함께 종종 야외로 나가는 편인지 등등 화제는 자연스럽게 일상으로 번졌다.

오래지 않아 전망대에 올라서니, 높고 푸른 겨울 하늘이 일행을 반겨주었다. 어색함 속에 첫걸음을 내디뎠던 아이들도 자연스럽게 대화를 주고 받고 있었다.

"넌 몇 살이야?"

"난 다섯 살."

"난 여덟 살, 강이주야. 이주 누나라고 불러! 네 배낭엔 뭐가 들었니?"

나이 차가 제일 적은 초등학교 2학년의 여덟 살 누나가 친근하게 말을 걸어주지만 아직은 낯을 많이 가리는 다섯 살. 아들은 으레 곤란할 때면 그렇듯이, 물끄러미 나를 바라봤다. 아들에게 바통을 이어받아 자연스럽게 대화를 이어갔다.

"만나서 반가워, 이주야. 오늘 서진이를 잘 부탁할게! 그리고, 서진이 배낭엔 말이야……."

다섯 살의 배낭에는 본인의 우모복 상·하의와 여분의 양말, 장갑, 모자 그리고 간단한 행동식과 마실 것이 들어있다고 알려주었다.

네 동의 텐트를 치고, 쉘터도 한 동 설치했다. 2인용 알파인 텐트가 이너텐트와 전실 공간을 포함해서 약 2m×2m의 면적이 필요하다면, 쉘터는 이너의 구분이 따로 없는 약 3m×3m의 공간을 차지한다. 아빠와 아이들, 여덟 명이 옹기종기 모여 앉을 사랑방인 셈이다.

맑은 하늘을 붉게 물들이는 석양을 바라보며 각자의 집을 짓고 쉘터에 모여 앉았다. 그러곤 각자 준비해온 음식을 소개했다. 비화식의 향연이 열린 거다. '백패킹은 먹으러 가는 게 아니다.'를 줄곧 마음에 새기고 꿋꿋하게 컵라면과 소시지를 들고 다닌 나에게 아빠들은 경종을 울려주었다. 동네 맛집에서 사 왔다는 닭강정, 지난밤 손수 볶아왔다는 불고기와 제육볶음, 다양한 통조림까지, 전에 없던 입 호강에 모두가 즐거웠다. 첫 만남의 어색함은 온데간데없이 사라졌다.

식사를 마치고 준비한 놀이들을 펼쳤다. 첫 번째 놀이는 달고나. 화기를 사용할 수 없기에 한 아빠가 집에서 미리 준비해온 달고나와 바늘을 아이들이 사이좋게 나눠들고 뽑기를 했다. 미간에 한껏 힘주며 열중했지만 결코 쉽지는 않다. 결국 모양 맞추기는 포기하고 맛있게 먹기로 했다.

다음은 윷놀이다. 윷말은 캐러멜로 대신했다. 마침 오늘 모인 자녀들은 아들 둘, 딸 둘. 부자 팀은 포도맛 캐러멜, 부녀 팀은 딸기맛 캐러멜로 사이좋게 팀을 나눈 뒤 윷을 굴렸다. 다섯 살과 열한 살은 적지 않은 터울이어서 혹시 누구라도 소외되지 않고 함께할 수 있는 놀이가 어떤 게 있을까 고민 끝에 선택한 윷놀이였다. 결과는 대성공이다. 아빠도 아이도 모두 웃음꽃을 활짝 틔웠다. 윷놀이의 열기에 추위도 잊었다. 밖엔 짙은 어둠이 내리깔렸다. 하늘엔 별이 반짝반짝 빛났다. 아름다운 밤이다. 형과 누나가 함께한 조금은 낯선 백패킹, 시종일관 해맑은 표정으로 오늘을 즐긴 다섯 살은 아빠가 읽어주는 깜짝 선물, 〈책과 콩나물〉을 들으며 잠이 들었다.

"좋은 아침이에요."

"일어나셨어요? 밤새 춥진 않았나요?"

이튿날 이른 아침, 텐트 안팎에서 서로 안부를 물었다. 아빠들의 인기척에 아이들도 하나둘 눈을 떴다. 현재 기온 영하 4도, 첫 겨울 백패킹이다.

"와 눈이다! 아빠 눈이 내렸나 봐!"

텐트 밖으로 나와보니 텐트와 바닥에 서리가 잔뜩 내려 있었다. 아이들에겐 마치 소복이 눈이 쌓인 듯 착각이 들 법도

했다. 도톰한 우모복으로 무장하고 일출을 기다렸다. 얼마 지나지 않아 멋진 운무가 발아래를 가득 메웠다. 해발고도 240m 산에서의 운무라니!

"우아, 오늘 날을 제대로 잡았는데요!"

"저는 인생 첫 운무예요!"

"아. 저도요. 제가 운무를 12월의 나각산에서 볼 줄이야."

멋진 풍광을 선물 받은 덕에, 추위는 잊었다.

일출의 감동을 곱씹으며 부지런히 텐트를 접었다. 읍내의 백반집에서 아침밥을 먹은 후 서로 가볍게 포옹을 주고받으며 다음을 기약했다. 제법 가까워진 아이들도 서로 손을 흔들며 작별했다. 집으로 돌아오는 길, 묵묵히 창밖을 쳐다보던 아들이 입을 열었다.

"아빠! 겨울은 되게 춥기만 할 줄 알았는데, 따듯했어. 그리고 아침 공기는 아이스크림 먹는 것처럼 시원해서 좋았어. 우리 겨울 백패킹 또 가자!"

"그래! 또 가자 아들!"

"우리 이제 집으로 가는 거지, 아빠?"

"아니야, 잠깐 들러야 할 곳 있어. 꽃집을 가야 해!"

"꽃집은 왜?"

"아……. 사실은 내일이 엄마랑 아빠의 결혼기념일이거든. 도와주겠어 아들?"

이러다
우리
얼어 죽겠어

오늘은 크리스마스다.

아들에게는 다섯 번째 성탄절. 아들은 지난 일주일 동안 매일같이 크리스마스 트리 앞에서 소원을 빌었고, 어제 아침 소원하던 선물을 받았다. 지난번 나각산에서 잠들기 전 아들에게 물었다. 혹시 크리스마스에는 무슨 선물을 받고 싶냐고. 혹시나 지난 어린이날의 '캠핑'처럼 또 나를 놀라게 하는 게 아닐까 했는데, 이번에는 현실적이었다. 갖고 싶다던 '주머니 괴물 카드'와 '갑옷을 입은 공룡' 장난감을 받아든 다섯 살은 입이 귀에 걸렸다. 아들의 기분이 좋은 이유는 비단 선물 때문만은 아닐 거다. 아들과 두 번째 겨울 백패킹을 나가기로 한 날이 바로 내일이기 때문이다.

"아빠, 우리 올겨울에는 눈 많이 내린 산으로 백패킹 가자! 하얀 눈 내린 산 위에서 텐트 치고 자보고 싶어!"

여름과 가을이 마주 보고 있던 어느 날, 잠들 무렵 아들이 막연히 던진 한마디였다. 다섯 살의 어린 아이를 데리고 추운 겨울날 전기도 난로도 없는 산속에서 하룻밤이라니……. 단 한 번도 상상해본 적 없었다. 하지만 그때 그 얘기를 하던 아이의 표정이란……. 벌써부터 하얀 설원 위의 텐트를 상상하는 듯 초롱초롱 빛나는 눈으로 나를 바라보는데 차마 거절할 수도, 빈말로 넘길 수도 없었다.

"음……. 그래 알았어. 아빠가 한번 알아보고 준비해볼게. 대신 산에 가선 아빠 말 잘 들어야 해! 알고 있지 아들?"

그날 아들의 한마디가 뇌리에 깊게 자리 잡았던 걸까. 동계에 필요한 아이의 의류와 용품을 하나둘 구비하며 차근차근 겨울 여정을 준비하는 나를 발견했다. 달력을 펼치고 날을 정했다. 이런저런 일정을 비켜서 고르고 고른 날은 크리스마스에 뒤이은 일요일. 월요일에는 휴가를 냈다.

목적지를 정했다. 북유럽을 연상시키는 매력적인 해발 1,000m 고원의 연못, 강원도 정선의 도롱이 연못이다. 아들에게 전라북도, 충청북도, 강원도, 3지선다를 제시했는데, 제일 먼 강원도를 선택했다.

새하얀 설원 위에서의 하룻밤을 손꼽아 기다리며 날씨를 확인하는데 기온이 심상치 않았다. 24일부터 기온이 곤두박질

치더니, 25일에는 영하 17도 그리고 26일에는 영하 20도에 육박한다는 예보. 영하 20도라니! 길거리를 거니는 것만으로도 온몸이 꽁꽁 얼어버릴 법한 날씨에 강원도 깊은 산속에서의 야영은 무모한 도전이지 않을까? 걱정이 앞섰다. 고민 끝에 아들의 의견을 물어보기로 했다. 다섯 살. 올바른 판단을 내리기엔 아직 어리지만, 부모의 말을 이해하고 자신의 의견을 피력할 수 있는 나이다. 특히 약속은 잊어버리지 않는다. 아이와의 약속을 부모의 입맛대로 가볍게 바꾸거나 다른 미끼로 회유하는 건 좋은 방법이 아니라고 생각하기에 가능한 사실대로 알려주고 함께 방향을 모색하기로 했다.

"아들, 우리 백패킹 가기로 했던 일요일의 날씨가 굉장히 추울 예정이라고 해서 아빠는 조금 걱정이 돼. 혹시 다음으로 미루는 건 어떨까?"

"다음 언제?"

"다음 주말이나 아니면 그다음 주말이나."

"그러면 그땐 2022년 새해가 되는 거잖아. 난 올해 가고 싶은 건데……."라고 말하며 아들은 섭섭함에 금세 눈시울이 붉어졌다. 그랬다. 아들은 줄곧 올해 겨울에 가고 싶다고 했다.

23년 6월부터 만 나이를 적용하며 이젠 생일이 지나야 비로소 한 살을 더 먹게 된다. 하지만 당시만 해도 매년 1월 1일 떡국을 먹으면 한 살을 더 먹는다고 굳게 믿던 만 다섯 살의 아들은 우리나라 나이로 한 살을 더 먹기 전 소복이 눈 내린 겨울

산에 가보고 싶었던 거다. 겨울 백패킹의 그 날을 손꼽아 기대하고 있었을 아들에게 실망을 안겨주고 싶지는 않았다. 혹한을 대비하기로 했다.

의류와 침낭, 매트의 스펙을 점검했다. 침낭의 내한 온도를 확인하고 매트의 알밸류를 계산했다. 우모복과 모자 등 방한 의류의 도움을 받는다면 충분히 가능한 스펙이라 판단되었다. 약간의 안도를 느꼈다. 하지만 불안한 마음을 다 지울 수는 없었다.

'하나보단 둘이, 둘보단 넷이 낫지 않을까?'

지난번 나각산에서 첫 겨울을 함께했던 아빠 백패커들이 떠올랐다. 크리스마스 이브를 하루 앞둔 목요일 정오, 네 명의 아빠가 모여 있는 단체 채팅방에 운을 띄워봤다.

"안녕하세요. 크리스마스 이튿날 아들과 둘이 도롱이 연못을 다녀오려고 해요. 월요일이고 또 연말이라 시간이 어려우실 것 같지만, 혹시 생각 있으신 분 계시면 함께해도 좋을 것 같아 남겨봅니다."

연말 일정과 회사 업무로 인해 어렵다며 응원을 보내주는 양평 아빠와 울산 아빠. 역시나 아들과 둘이 단단히 준비해야겠다고 마음을 다잡던 찰나, "트래버스님! 함께하시죠! 날씨가 터프한데 잘 이겨내 봐요!"라는 답이 왔다. 구리에 사는 여덟 살 누나의 아빠였다. 천군만마를 얻은 기분이었다.

드디어 결전의 날이 밝았다.

오늘 집결지는 강원도 정선이다. 하이원 리조트 뒤편의 백운산 보성사 방향으로 이어지는 임도를 따라 올라가면 넓은 공터 주차장이 나온다. 주차장부터 연못까지는 아이들의 걸음 속도로 약 1시간 정도 거리다. 차에서 내리자 매서운 바람이 엄습했다. 코를 베어 갈 듯 차가운 바람에 몇 걸음 걷지 않았는데 벌써 아들의 얼굴이 발그레했다. 바라클라바를 얼굴 끝까지 올려주었다. 현재 기온 영하 14도. 비록 얼굴과 손끝은 조금 시리지만 긴 언덕길을 오르는 중이기에 몸은 따듯했다. 사실 오늘은 아빠도 쉽지 않다. 추운 날씨를 이겨내기 위한 장비와 용품을 이고 지다 보니 배낭의 무게가 역대급이었기 때문이다. 무려 33kg에 육박하는 배낭엔 먹고 마실 것들과 더불어 방한 의류와 핫팩이 가득했다.

“아빠, 저기 뭐가 있는데?”

간이 화장실과 정자 너머로 ‘도롱이 연못 – 사북(하이원리조트) 3.7km’라고 적힌 이정표가 보였다. 도착이었다.

“야호! 다 왔다! 아빠, 근데 연못은 어디 있어?”

사진에서 봤던 연못이 보이지 않았다.

“조금 더 안쪽으로 들어가야 보이는 거 아닐까?”

아들에게 말하며 발걸음을 옮기는 순간, 발끝에서 ‘빠지직’ 얼음 밟히는 소리가 들렸다. 우린 이미 연못 위를 걷고 있었던 것이다. 추운 날씨 때문에 꽁꽁 언 연못 위로 흰 눈이 덮여 연못과 땅을 구분할 수 없었던 거다. 장갑을 낀 손바닥으로 얼어붙은 연못을 덮은 눈을 쓸어봤다. 정말 단단히 얼어붙어 있었다. 연못 주변을 한 바퀴 돌며 텐트를 올릴 만한 고른 땅을 찾아봤다. 눈이 덮인 탓에 평평한 땅을 찾아내기가 쉽지 않았다.

"내친김에 얼음 위에 텐트를 쳐볼까요? 빙박 도전?"

구리 아빠가 장난스레 말을 꺼냈다. 우리는 잠시 서로를 마주보다 이내 고개를 절레절레 흔들었다.

발로 쓸고 손으로 더듬으며 평평한 땅을 찾았다. 오늘의 집을 다 짓고 나니 영하 16도. 기온이 더 떨어졌다. 배낭 옆 포켓에 꽂아두었던 물이 돌덩이처럼 얼었다. 핫팩의 온기로 언 물이 녹기를 바라며 핫팩과 물병을 침낭 안에 던져넣었다. 두꺼운 헤비 다운을 입고 도톰한 우모 부티를 신었다. 쉘터에 모여 앉아 저녁을 준비했다. 두부, 카레밥, 볶음김치, 컵라면, 전투식량 등등, 오늘도 비화식 파티가 예상된다.

하지만 문제가 생겼다. 발열체가 좀처럼 음식을 데워주지 못했다. 데우는 시간보다 식는 시간이 더 빨랐던 것이다. 첫 입은 적당히 온기가 있었지만 얼마 후의 한 입은 마치 얼음을 베어문 기분이었다. 결국 우린 바스락거리는 네모난 두부 아이스크림을 끝으로 식사를 마무리했다.

여느 산중과 다름없이 도롱이 연못의 밤도 빠르게 다가왔다. 가져온 핫팩을 모두 터뜨렸다. 침낭 안 바닥에는 방석 핫팩을 깔고, 패치형 핫팩을 발바닥에 붙였다. 양쪽 주머니엔 손난로 핫팩을 넣었다. 침낭의 발아래에도 하나 넣고, 목뒤에도 하나 받쳤다. 모자와 장갑을 낀 채로 단단히 무장하고 침낭에 몸을 뉘어보았다. 혹한의 날씨지만 침낭 아래에는 오늘도 어김없이 깜짝 책 선물을 숨겨두었다. 등장인물은 아기 돼지 삼 형제와 늑대 한 마리. 까짓것 목소리 네 개쯤은 이제 식은 죽 먹기! 혼신의 힘을 다해 구연동화를 연기했다.

"굿나잇 아들, 혹시 자다가 춥거나 불편하면 바로 아빠를 깨워야 해!"

"응 아빠도 굿나잇. 걱정 마. 지금 딱 좋아!"

이따금 불어오는 바람 소리만이 귓전을 메우는 깊은 밤, 아늑한 침낭 밖으로 내민 얼굴에 한 방울 두 방울 찬기가 느껴졌다. 손으로 얼굴을 쓸어보았다. 눈이었다. 텐트 천장에 구멍이라도 뚫린 걸까? 깜짝 놀라 랜턴을 켰다. 꽁꽁 얼어붙은 결로가 만들어낸 하얀 별이 텐트 천장을 수놓았다. 바람이 불 때마다 텐트가 흔들리며 천장을 수놓은 반짝이는 별들이 바닥으로 떨어져 내렸다. 아들의 침낭을 확인했다. 다행히 아들은 처음 누운 자세 그대로 곤히 자고 있었다. 텐트 밖은 영하 19도, 체감 온도는 더 떨어졌을지도 모른다. 이너 텐트의 기온을 알려주던 전자 온도계는 Low를 나타냈다. 온도계의 최저 한계치, 즉 텐트 안의 기온이 영하 10도 이하란 얘기다.

날이 밝았다. 우리 집도 이웃집도 모두 무사했다. 밤새 끌어안고 잠든 덕분에 얼지 않은 물로 목을 축였다. 차가운 물이

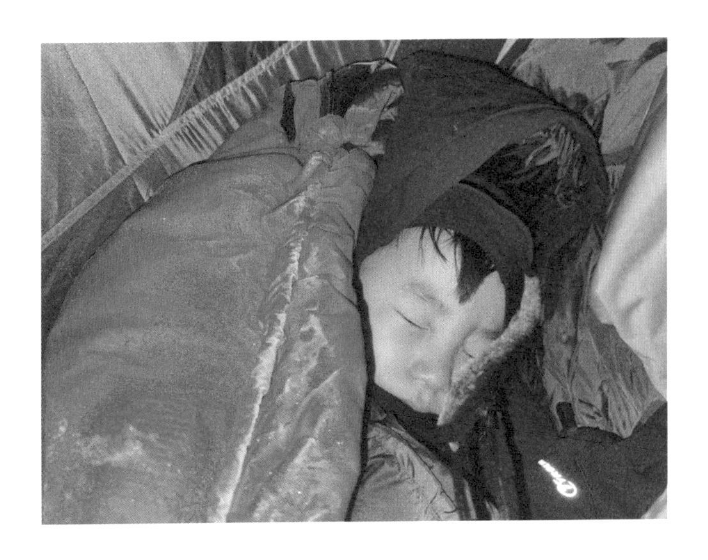

식도를 지나 위까지 도달하는 과정이 고스란히 느껴지는 듯했다. 머문 자리를 정리했다. 꽁꽁 언 손가락 끝의 감각이 더뎠다. 마지막 장비를 챙겨서 넣고 배낭을 둘러멨다.

아들도 아빠도 처음 겪는 한파경보 속 혹한을 뚫고 맞이한 아침이다. '우리가 해냈다'는 진한 감동이 몰려왔다. 기쁨의 함성을 내지르며 두 손을 높이 들고 만세를 외쳤다.

"고생했어! 아들! 영하 19도 산속에서 야영을 해본 다섯 살은 너뿐일 거야!"

"이제 하산이다! 야호!"

혹한을 뚫고 우리가 결국 해냈다.

Into the Unknown

해가 바뀌었다. 새해 첫날에는 일출 산행을 다녀왔다. 여유를 부리며 올랐더니 정상 도착 20여 m 앞에서 해가 봉긋 솟아올랐다. 다행히 시야가 트인 등산로라 일출을 직관할 수 있었다. 원수산 정상에 모인 세종 이웃들의 환호성이 들렸다.

집에 돌아와서 따듯한 물로 샤워를 하고, 지난밤 우려낸 양지머리 국물에 떡을 넣고 계란과 김가루를 올려 뚝딱 완성한 아빠표 떡국 한 그릇을 싹싹 비웠다. 식사를 마친 아들에게 새해 선물을 전달했다. 마치 2016년산 빈티지 와인 샤또 딸보를 연상시키는 은은하게 짙은 벽돌색의 배낭. 아빠 것과 같은 여우 마크가 붙은 배낭으로의 업그레이드에 기분이 좋았는지 한참을 어깨에 둘러메고 거실과 방을 오가는 아들에게 "우리 새

처음 보는 커다란 얼음 숨구멍.

배낭 메고 산행 다녀올까?"라고 물었다.

"좋아! 어디로 갈 거야? 무슨 산?"

전동면과 전의면에 걸친 세종시의 최고봉, 운주산을 다녀왔다. 고산사 코스로 입산한 지 한 시간 뒤, 해발 459m 운주산 정상의 '고유문'에서 새해 두 번째 산행의 기쁨을 만끽한 아들이 말했다.

"아빠, 난 시원한 겨울 공기가 참 좋아!"

그러면서 겨울이 다 가기 전에 백패킹을 가자고 했다. 눈 내리는 산도 가고 싶고 얼음 위에서 하룻밤 자보고도 싶단다. 혹한의 추위에서 밤을 보내고 온 지 얼마 되지 않았는데, 빛 공해 없는 자연에서 바라본 밤하늘의 별 잔치가 그리웠나보다.

그로부터 보름이 지난 날, 우린 강원도 인제의 얼음 계곡으로 향했다.

지난달 혹한의 추위를 함께했던 여덟 살 누나도 함께했다. 도롱이 연못에서 미처 이루지 못한 빙박의 꿈을 실현하러 가기로 했다. 영하 19도의 맹추위 속에 싹튼 전우애 덕분일까, 불과 세 번째 만남인데 아이들은 마치 오래 알고 지낸 남매 같았다.

약 15m 폭의 천을 건너며 얼음 계곡 트레킹은 시작됐다. 설렘과 함께 얼음 위에서의 야영을 위해 한 걸음 또 한 걸음 내디뎠다. 만약 얼음이 깨지기라도 한다면 우리는 차디찬 계곡물에 빠지고 말 것이다. 수심도 모른다. 무릎쯤 오는지, 또는 허리쯤 오는지, 어쩌면 내 키보다도 더 깊은 물 위를 걷고 있을 수도 있다. 생각이 여기에 미치니 문득 걸음을 내딛기가 조심스러워졌다. 긴장감 속에 좌우 기암 협곡 사이 꽁꽁 얼어붙은 얼음 위를 거슬러 올라갔다. 산새 소리만 이따금 메아리치는 고요한 계곡. 조용함 속에 빠가닥빠가닥 얼음을 지르밟는 아이젠 소리는 우리가 꽁꽁 얼어붙은 계곡을 걷고 있다는 사실을 실감나게 했다. 아이들도 지금의 상황이 신기한 걸까, 중간중간 마주치는 얼음 숨구멍 앞에 선 다섯 살과 여덟 살은 얼음 아래로 흐르는 계곡물을 바라보기도 하고, 등산 스틱을 넣어 깊이를 가늠해보기도 했다. 얼음 숨구멍의 단면으로 미루어 보아 지금 우리가 밟고 올라선 얼음의 두께는 30cm는 족히 될 듯했다. 하지만 방심은 금물. 언제 어디서 어떤 위험을 마주할 지 알 수 없다. 두 아빠가 각각 선두와 후미에서 아이들을 호위하며 조심스럽게 발걸음을 옮겼다. 혹시나 얼음이 깨지진 않을까 경계하며 이동하다 보니 속도가 더뎠다. 휴대전화의 지도 앱으로 위치를 확인하며 걷고 있던 그때였다.

'통화권 이탈'

휴대전화의 안테나가 모두 사라졌다. 지도 앱도, 포털 사이트 앱도, SNS도 모두 끊겼다. 문명과의 단절. 평소 같으면 굉장히 갑갑했을 상황이지만 아이러니 하게도 궁곡窮谷에서 조우한 해방감은 우리를 흔연스럽게 했다.

얼마나 걸었을까? 어른의 키를 훌쩍 넘는 두 개의 웅장한 바위가 앞을 가로막았다. 마주 보고 서있는 두 바위 사이로 좁은 물길이 이어졌다. 여름날이었다면 꽤나 거센 물줄기가 흘러내릴 법한 협곡이지만, 지금 이 순간은 모든 것이 고요하게 얼어붙어 있었다. 잠시 멈춰 서서 주변을 둘러보았다.

"아빠! 여기쯤이면 박지로 딱 좋겠어!"

"맞아요, 삼촌! 여기서 우리 텐트 쳐요!"

주변의 얼음을 꼼꼼히 밟아봤다. 빙질도 좋아 보였다. 해는 일찌감치 산비탈 너머로 모습을 감췄다. 박지를 찾아야 할 시간이었고, 아이들의 제안을 마다할 이유는 없었다.

"좋아! 오늘 우리 집은 여기로 하자!"

"야호!"

따듯한 외투를 덧입고 집을 지었다. 아이젠을 착용하고 있는 아이들에게 조심하라는 당부도 잊지 않았다. 자칫 날카로운 아이젠을 신은 채로 텐트나 침낭을 밟으면 낭패다. 야영 장비에 문제가 생기면 왔던 길을 다시 돌아가야 했다. 다행히 아이들은 원활하게 협조해주었고, 무사히 야영 준비를 마쳤다. 각자의 텐트에서 젖은 양말을 갈아 신고, 다운 부티를 덧신으며 아들에게 물었다.

"온종일 얼음 위를 걸어본 소감이 어때?"

"미끄러울 것 같았는데 하나도 안 미끄러웠어! 아이젠 최고! 하지만 얼음이 깨질까 봐 걱정되긴 했어! 아빠는 안 무서웠어?"

"아빠도 무섭지. 그래서 스틱으로 콕콕 집으면서 조심스럽게 지나온 거야. 오늘 우리가 무사히 박지까지 도착한 건 아들이 아빠 발자국을 따라서 잘 걸어와준 덕분이야. 고마워!"

'네 덕분'이란 말이 듣기 좋았는지 으쓱해 보이던 아들, 하지만 금세 표정을 고치곤 사뭇 진지한 표정으로 물었다.

"근데 아빠, 계곡물은 계속 흐르는데 어떻게 얼어? 그리고 왜 위에만 얼어? 얼음 아래는 물이 흐르는데?"

"음……그러니깐, 그건 말이야……."

포털사이트의 도움을 받아볼까 하는 마음에 황급히 휴대전화를 열어보지만, 여전히 신호가 잡히지 않는다. 우선 아는 만큼만 얘기해주기로 했다.

“물이 얼음이 되는 온도를 ‘어는점’이라고 하는데, 보통 0도보다 낮으면 얼음이 언다고 해. 하지만 흐르는 물은 어는점이 좀 더 낮을 거야. 영하 5도일 수도 있고 영하 10도일 수도 있어. 흐르는 물을 꽁꽁 얼릴 수 있는 추운 날의 찬 공기가 맞닿는 윗부분부터 계곡물이 차츰 얼기 시작하는 것 같아. 그리고, 서진이 이글루 알지? 얼음으로 만든 집! 차가운 얼음으로 만들었는데도 이글루 안에선 바람도 피하고 따듯하게 머무를 수 있다고 하잖아. 바깥쪽 물이 어느 정도 얼면, 차가운 공기를 얼음이 막아줘서 물 안쪽은 얼지 않고 계속 흐를 수 있는 게 아닐까? 그래야 물고기도 살지!”

아~ 하고 고개를 끄덕이는 아이에게 덧붙였다.

“아빠가 잘못 알고 있을 수도 있어. 나중에 한 번 더 확인하고 알려줄게!”

싱긋 웃으며 고개를 끄덕인 아들은 누나가 기다리는 쉘터 안으로 들어가 두런두런 얘기를 나눴다. 신호를 잃어버린 휴대전화 덕분에 아이와의 대화에 더 집중할 수 있었다. 눈과 얼음을 자유자재로 다루는 능력을 갖춘 엘사가 떠오른다는 아이들. 목청 높여 〈겨울 왕국 II〉의 OST 'Into the unknown'을 불렀다. 노래 부르기가 끝나자 이번에는 동물의 왕국이 되었다. 부자도 부녀도 목에 힘껏 힘을 주고 갖가지 동물 소리를 내기 시작했다. 여느 캠핑장에선 자칫 민폐가 될 법한 행동이지만, 여기는 인적이 드문 깊은 산골짜기. 이 겨울을 즐기는 어린 백패커들만의 특권이었다.

산중의 밤은 늘 도시보다 어둡지만, 강원도 오지 계곡은 유난히 더 깜깜했다. 지금까지 갔던 산봉우리나 너른 고원의 박지에 비해 이곳은 달빛이 닿기가 더 어려운 건지도 모르겠다. 각자의 텐트로 돌아가 잠자리를 정리했다. 혹시나 얼음 바닥의 냉기 때문에 춥진 않을까 염려했는데 다행히 침낭 속은 아늑했다. 얼음 아래로 졸졸 물 흐르는 소리가 들렸다.

계곡물 위에서의 하룻밤이라니, 정말 신기한 경험이었다. 호기심 가득 머금은 표정으로 연신 바닥의 물소리에 귀 기울이던 우리는 어느새 잠에 들었다.

'텅텅 – 쿵쿵 –'

굉음에 눈을 번쩍 떴다. 실눈을 뜨고 시간을 확인했다. 자정이 넘었다. 꿈결에 잘못 들은 걸까? 텐트 밖 소리에 귀 기울여 보지만 더는 들리지 않았다. 다시 눈을 감으려는데 이번엔 아까보다 더 선명하게 들렸다.

'텅터덩 – 쿵 – 쾅 –'

불현듯 오늘을 준비하며 찾아 읽었던 글이 떠올랐다. 새벽녘 기온이 떨어지면 온도 변화로 인해 얼음이 팽창하고 수축하면서 응력이 발생해 이런 소리가 날 수 있다는 글이었다. 얼음이 더 단단히 얼어가는 과정인 듯했다. 양쪽 귀로 텐트 밖 얼음소리를 쫓는 동안 두 눈은 아들을 지그시 바라봤다.

함께 첫 박배낭을 준비하며 설레는 마음으로 아파트 계단을 오르던 그날이 엊그제 같은데 오늘이 벌써 열다섯 번째 백패킹이다. 성인도 선뜻 따라나서기 힘든 겨울날의 여정, 한 치 앞도 알 수 없는 미지의 세계로 떠나온 모험이다. 고작 내일모레 여섯 살을 바라보는 아이가 발맞춰 나란히 걸어왔다는 사실이 새삼 고마웠다.

혹시나 차가운 손에 아이가 깰까 봐 주머니 속 핫팩을 한참 주무르던 손바닥으로 발그레해진 아이의 볼을 쓰다듬으며 전했다.

“아빠의 아들로 태어나줘서 고마워.”

아이와
함께 웃고 즐긴
오늘이 진짜

매일 밤 아들과 침대에 누워 '다음 백패킹은 어디로 갈까?'를 고민하던 무렵, 놀이터를 뛰노는 아들을 기다리며 그 앞을 서성이고 있을 때였다.

"안녕하세요! 서진이 아빠이시죠? 전 주안이라고 해요. 서진이와 같이 등원버스를 타고 다녀요!"

불쑥 나타나서 머리카락이 땅에 닿을 만치 고개를 숙여 인사하는 한 아이. 스스로를 주안이라 소개한 아들의 동네 친구와는 이후로도 오고 가며 종종 마주쳤다. 동네 친구와 평소처럼 집 앞 놀이터에서 만나기로 약속했던 어느 날, 예보에 없던 비가 내리기 시작했다. 좀처럼 그칠 줄 모르는 빗줄기에 혹시나 약속이 어그러질까 상심에 빠진 아들을 위해 동네 친구를 집으로 초대했고, 놀이가 끝나기를 기다리던 동네 친구의 부모와 자연스럽게 저녁을 함께하게 되었다. 결혼하고 세종에 내려온 배경, 아이가 태어난 후의 삶, 어제와 오늘의 아이들 일상까지, 여러 화제를 주고받았다.

"서진이와 주말을 어떻게 보내세요?"

동네 아빠가 질문을 쏘아올렸다. 아이와 함께 산행과 백패킹을 즐기는 이야기, 그리고 더위를 피해 계곡 트레킹을 다녀온 최근의 여정을 자연스럽게 전했다.

동네 엄마가 바로 말을 이었다.

"나가실 때 주안 아빠도 좀 같이 데리고 다녀주세요. 주말에도 늘 회사일, 아니면 잠만 자요."

가족의 평범한 일상을 위해 평일엔 스스로를 채찍질하며 자신의 일에 최선을 다하고, 주말엔 쌓인 피로로 소파와 한몸이 되는 모습은 아마 우리나라 보편적인 아버지의 모습일지도 모른다.

아빠라는 공통점 때문이었을까? 이후로도 몇 번 연락을 이어가며 아이들과 함께 동네 뒷산을 오르기도 하고, 각개전투에 임하는 신병교육대 5주 차 훈련병처럼 뛰어다니며 물총놀이에 매진하기도 했다. 하루는 내가 즐겨 찾는 계곡에 함께 갔다. 아들과 번갈아 가며 다이빙도 하고 물장구를 치며 한여름 무더위를 잊어보았다. 바위 위에서 조용히 휴대전화를 들고 사진을 찍던 동네 아빠에게 "사진은 이제 충분한 것 같아요. 얼른 들어오세요!" 하고 손짓했다. 잠시 머뭇거리던 동네 아빠는 "들어갑니다!"라는 한마디와 함께 그대로 달려 풍덩 입수했다. 차가운 계곡물에 아이들의 입술이 파랗게 질릴 때까지 물놀이를 즐긴 후 집으로 돌아오는 차에서 동네 아빠가 말했다.

"솔직히 전 물에 들어가기까지 굉장히 망설였어요. 평소엔 함께 들어가지 않거든요. 밖에서 기다렸다가 물놀이를 마치고 나오면 가운을 입혀준다든지 몸을 닦아준다든지, 그런 역할을 주로 했죠."

사회에서 인정받는 아빠가 가족에게도 아이에게도 떳떳한 아빠가 되는 길이라 생각했다며, 줄곧 회사 일에만 매진했던 이야기, 여러 번의 이직을 거치며 오늘까지 달려온 이야기를 털어놓았다. 그리고 덧붙였다.

"그런데, 갑자기 물에 풍덩 뛰어드시는 거예요. 순간 '이 사람 뭐지?'란 생각도 들었습니다. 형님이 세상 행복한 표정으로 다섯 살과 여섯 살의 또래들 마냥 함께 어울려 노는 모습을 보는데, 궁금했어요. 과연 저 웃음이 진짜일까? 아님 그저 아이들을 즐겁게 해주기 위한 연극일까? 그래서 저도 뛰어들어 본 겁니다. 그런데 물에 들어가는 순간 이런 생각이 드는 거예요. '아 지금까지 내가 무얼 위해 열심히 달려왔지?' 몸도 마음도 시원하더라고요. 늘 3인칭 시점에서 바라만 보던 밝게 웃는 주안이 웃음이 오늘은 정말 현실이었어요. 지금까진 놀아주려는 노력을 했는데, 함께 웃고 즐긴 오늘은 진짜라 느껴졌어요. 형

우리 가끔은 하늘을 바라보는 여유를 가져보자.

님 덕분이에요."

고마웠다. 숨기고 싶었을 수도 있는 감정을 표현해준 것도 고마웠고, 함께했던 시간을 진심으로 즐겨주어 감사했다. 어쩌면 동네 아빠는 '바쁜 일상에 지쳐 잊고 살았던 부자지간의 정에 목말랐던 게 아닐까?'라는 생각이 들었다.

용기를 내어 자신의 이야기를 들려준 동네 아빠에게 내 이야기를 시작했다. 함께 산행을 즐기며 다소 내성적이었던 과거의 서진이가 현재와 같이 활발해진 이야기, 무거운 박배낭을 메고 높은 산을 오르내리며 서로에게 의지하던 이야기 등등, 몸소 체험한 아이와 함께하는 산행과 백패킹의 순기능을 역설했다.

동네 아빠도 최근 오토캠핑에 도전해봤다고 한다. 캠핑장에 텐트를 설치하는 데까지는 성공했지만, 텐트에서의 밤이 낯

설어서인지 혹은 무서워서인지 집에 가고 싶다는 주안이 말에, 결국 잠은 집에서 잤다는 웃픈 사연이었다. 백패킹은 로망이라며, 더 늦기 전에 꼭 한번 주안이와 가보고 싶다는 얘기도 덧붙였다.

며칠 뒤, 여느 주말과 다름없이 서진이와 동네 뒷산을 오르던 날이었다.

"아들, 혹시 주안이랑 같이 캠핑이나 백패킹 가면 어떨까?"

"와! 그럼 재미있을 것 같아! 그런데 형도 텐트가 있을까?"

"응, 주안 아빠는 준비해서 같이 가보고 싶어 하는데, 주안이는 아직 텐트에서 자는 게 익숙하지 않은가 봐. 혹시 서진이가 주안이한테 얘기해볼래?"

"알겠어! 내가 한번 얘기해볼게!"

며칠 뒤, 동네 아빠로부터 전화가 왔다.

"형님! 주안이가 캠핑을 가보자고 합니다! 텐트에서의 하룻밤에 도전해 보겠대요!"

학원 말고, 자연을 느끼며 충전해야죠

완연한 봄 날씨의 4월이다. 내일모레 여섯 살 생일을 앞둔 아들과 함께 박배낭을 메고 집을 나섰다. 자동차 트렁크에 배낭을 싣고 시동을 걸었다. 지하주차장을 굽이굽이 돌아 멈춰섰다. 아들은 창문을 내리고 한껏 목소리를 높였다!

"형! 여기야, 여기!"

그렇다. 오늘은 동네 친구 주안이와 함께하는 첫 백패킹 날이다. 지난여름 이후 두 번의 오토캠핑을 함께 다녀왔다. 한 번은 충청북도 괴산에 있는 캠핑장에서 가을날의 여유로움을 만끽했고, 또 한 번은 전라북도 무주의 야영장에서 때 이른 강추위에 혹독한 동계 신고식을 치렀다. 다섯 살 아들이 좋은 자극이 되어준 걸까? 동네 친구는 야외 취침에 성공했고, 동네 아빠는 아이와 함께하는 백패킹이라는 로망에 한 걸음 더 다가가기 위해 배낭과 침낭, 매트, 랜턴 등 장비를 하나둘씩 사 모았다. 그리고 오늘, 그 데뷔전을 치르는 것이다. 사실 동네 친구는 아들보다 한 살 위 형이다. 작년에 어린이집을 졸업한 동네 친구는 아직 신입생티를 벗지 못한 초등학생이고, 형을 학교로 떠나보낸 아들은 이제 어린이집 최고참이다.

오늘의 목적지는 충청북도 옥천군의 어깨산. 금강을 조망하는 해발고도 441m의 산이다. 들머리는 옥천 옻문화단지, 경부고속도로 금강 IC에 바로 면해 있다. 주차장 건너편의 등산로를 올라 느리골전망대와 금강전망대, 어깨갈림길을 거쳐 어깨정에 오르면 정자 옆으로 100m가 채 안 되는 거리의 작은 봉우리가 오늘의 목적지다.

입산한 지 30분쯤 되었을까? 한참을 빠른 페이스로 올라가던 아이들은 "아빠! 휴식!"을 외치고는 바닥에 주저앉았다. 똑같은 배낭을 메고 온 친구와 나란히 앉은 아들의 뒷모습을 보니 사이좋은 의형제 같아 보였다. 쉬다 걷다를 몇 차례 더 반복해서 도착한 어깨산 정상. 휘돌아 나가는 금강의 비경이 제일 먼저 눈에 들어왔다. 멋스러운 정상석이나 표식은 없었다. 작은 텐트 네 동 정도면 꽉 찰 것 같은 넓지 않은 산꼭대기의 한가운데 우뚝 선 나무 말뚝에 쓰인 '헬기장'이란 세 글자가 전부였다. 이곳 어깨산은 지는 해와 뜨는 해를 바라볼 수 있는 전망 덕분에 백패커들 사이에서 꽤 이름난 명소다. 아들의 동네 친

구와 동네 아빠에게 오늘은 오래 기다리고 준비해온 첫 백패킹 이니만큼 '부디 일몰과 일출을 모두 볼 수 있었으면' 했다.

일단, 일몰은 성공이었다. 붉은 노을을 배경으로 두 아빠와 아들은 힘을 합쳐 각자의 집을 지었다.

"첫 백패킹을 축하해, 주안아! 축하해요, 주안 아빠!"

저녁 식사를 위해 정상 한편에 테이블과 체어를 꺼내어 조립하려는데, 두 명의 백패커가 올라왔다.

"안녕하세요. 저희가 저쪽으로 옮길게요, 여기에 자리 잡으세요. 이쪽이 평평하고 땅이 좋네요."

"고맙습니다. 늦어서 자리가 없으면 어쩌나 마음 졸이며 올라왔는데 다행이네요."

반갑게 인사를 받아준 백패커가 이어서 물었다.

"어린아이들과 오셨네요. 아빠랑 아들이신 거죠? 저도 아들이랑 왔는데……."

"와! 아들이랑 오신 거예요? 나이가 제법 되어 보이던데요! 혹시 아들이 올해 몇 살일까요?"

"이번에 중학교 입학했어요. 중1입니다."

중학교 1학년과 백패킹을 오는 아빠 백패커라니……. 아니, 아빠와 함께 백패킹을 오는 중학교 1학년이라니! 궁금증이 일었다. 경상북도 김천에서 왔다는 중1의 아빠와 대화를 이어갔다.

"아들에게 같이 가자! 하면 군소리 없이 따라나서나요? 제 주변에 초6 아들을 둔 지인이 있는데, 5학년이던 작년까지만 해도 곧잘 다니더니 이젠 여러 날 읍소해야 겨우 한 번 나가 준다고 하더라고요."

"주말까지도 학원 수업 일정이 빽빽하게 잡혀 있거든요. 주말도 평일도 없이 학원과 학교에서 시간을 보내는데, 애들도 쉬어야 하잖아요? 바람도 쐬고 자연도 느끼고. 그래야 또 충전하고 힘내서 수업을 듣죠. 그래서 '오늘 하루는 학원 싹 쉬고 백패킹 갈까?'라고 물었더니 바로 따라나섰어요. 음…… 아이 엄마에겐 이제 연락해야 합니다. 오늘 학원 빠진 걸 아직 모르고 있어요. 하하."

같이 웃었지만, 왠지 마음이 먹먹했다. 우리 집 다섯 살에게도 언젠가 다가올 미래일 테니까. 가족보다 친구가 좋을 때, 집보다 학교와 학원에서 더 많은 시간을 보내야 할 때. 아들과 다녀온 여정을 온라인에 후기 글로 올리면 종종 달리던 댓글이 떠올랐다.

'저희 아이도 조금 더 어릴 적에 같이 다닐 걸 그랬어요. 이젠 너무 늦었나 봐요. 부모보단 친구가 좋대요.'

'그땐 아이가 너무 어린 것 같기도 하고 저는 회사일이 바빠서 조금 더 크면 같이 다녀야지 했는데, 이제 제가 여유가 생기니 아이가 더 바쁘네요. 시간 맞추기가 어려워요.'

언젠간 우리 아이도 그런 날이 올 테다. 그때까지 더 많이 더 멀리 더 높이, 부지런히 다녀야겠다고 마음먹었다.

이튿날 아침, 우리는 더할 나위 없는 완벽한 일출을 선물 받았다. 힘차게 떠오르는 태양을 넋놓고 바라보는 아이들을 흐뭇한 표정으로 바라보던 동네 아빠에게 물었다.

"이제 본격적으로 주안이와 산행과 백패킹을 시작할 건가요? 일회성 이벤트로 전락하는 건 아니죠?"

"그럴 리가요. 앞으로 여유 되는 대로 더 많이 다녀볼 겁니다! 정말 건강한 취미 같아요!"

"하하! 그럼 경험치를 좀 쌓으시고, 가을쯤엔 좀 더 높은 곳으로 함께하시죠!"

"좋습니다!"

어느샌가 곁에 다가온 아이들이 초롱초롱 눈을 뜨고 이렇게 물었다.

"다음번 백패킹도 정한 거예요? 언제예요, 언제?"

"아빠, 다음번엔 어디로 갈 건데? 언제 갈 거야?"

두 아빠는 서로를 바라보며 미소 지었다.

오늘은 네가 선장이란다

5월을 하루 앞둔 토요일, 우리는 강원도 홍천에 모였다.

지난겨울 나각산 모임을 함께했던 양평 부자와 구리 부녀, 오늘 처음 만난 고양 부녀와 울산 부자, 그리고 엊그제 생일이 지난 여섯 살 아들까지, 오늘은 총 다섯 팀의 아빠와 아이가 함께했다.

"안녕하세요. 다행히 오늘 날씨가 화창하네요."

"그러게요. 엊그제 비 소식이 있을 땐 걱정이 들기도 했는데, 날이 좋네요."

"준비는 많이 하셨어요? 전 노질이 처음이라 걱정입니다."

"저도 걱정이 되어 어젯밤 서진이와 함께 의자를 앞뒤로 놓고 앉아 시뮬레이션을 해봤는데, 실전에서도 그렇게 될지 모르겠네요."

"저희 아이는 아직 팔 힘이 약해서, 제발 노를 물속에 빠트리지만 않았으면 좋겠습니다."

갑자기 왠 노 젓는 이야기일까? 맞다. 오늘은 카누를 타러 왔다.

동쪽에서 서쪽으로 150여 km를 흘러 청평호까지 연결되는 강원도의 물줄기. 수심이 깊지 않아 수온이 따듯하고 다양한 어종이 서식해 낚시꾼들의 발길이 끊이지 않는다는 홍천강. '홍천강카누마을'에서 물길을 따라 남쪽으로 약 3km를 내려가면 거대한 배바위를 끼고 좌측으로 넓은 노지가 펼쳐지는데, 그곳이 오늘의 목적지다.

걷기, 달리기, 자전거 타기 등 땅 위에서는 무엇이든 자신 있는 나와 아들이지만, 물 위에서의 노질은 영 자신이 없었다. 과연 갓 여섯 살 된 아들과 함께 노를 저어 왕복 6km를 완주할 수 있을까 하는 걱정이 제일 컸다. 하지만 마냥 걱정만 하고 있을 수는 없었다. 아들과 함께 스포츠센터에 등록했다. 그리고 거의 매일 출석하며 러닝머신을 달리고 기구를 들었다. 카누를 타기 위해선 패들링을 익혀야 하는데 어떻게 연습해야 할지 몰랐던 우리는 로잉머신을 열심히 당겨보기도 했다. 사실 팔 근육을 사용하는 패들링과 허벅지 근육을 사용하는 로잉은 전혀 다른 운동인데 말이다. 혹시나 작은 도움이라도 될까 싶은 마음에 이 기구 저 기구 가리지 않고 열심히 단련했다. 출발 하루

전날 밤에는 식탁 의자를 앞뒤로 놓고 앉아 긴 막대 걸레를 들고 "왼쪽! 오른쪽! 왼쪽! 오른쪽!" 함께 구령을 외치며 좌로 우로 패들링 연습에 전념했다.

그 덕분일까? 카누 선착장에 섰을 때는 다행히 긴장이 조금 누그러졌다. 필리핀의 팔라완에서 감염병을 피해 잠시 귀국했다는 인스트럭터가 설명했다.

"자, 오늘은 어린이들이 각 배의 선장이에요. 앞에 앉아서 왼쪽으로 가야 하는지, 오른쪽으로 가야 하는지, 또는 앞에 장애물이 있는지를 보고 뒤에 있는 아빠에게 전달해주는 겁니다. 할 수 있지요?"

긴장과 설렘을 가득 안고 카누에 탑승했다. 원래 카누는 외날 패들을 사용하지만, 패들링에 익숙하지 않은 우리는 모두 양

날 패들을 움켜쥐었다. 조심조심 카누에 앉아 균형을 잡아본다.

"침착하자 아들! 연습한 대로만 하면 돼!"

어쩌면 침착이 필요한 건 아들이 아니라 나일지도 모른다. 쿵쾅거리는 심장박동을 느끼며 좌로 우로 그리고 다시 좌로 노를 저었다. 아들도 제법 노를 잘 저었다. 가볍게 물살을 가르며 카누가 앞으로 나갔다. 어느 정도 궤도에 올랐다 싶어 패들을 내려놓고 사진을 몇 장 찍었다. 잠시 방심한 사이 뱃머리가 방향을 잃었다. 아들이 다급히 외쳤다.

"지금 사진 찍을 때가 아닌 것 같아, 아빠! 얼른 노를 저어야 해!"

아빠와 아이를 실은 다섯 척의 카누가 앞서거니 뒤서거니 하며 함께 항해했다. 이 순간만큼은 캐나다의 레이크 루이스 부럽지 않다. 아들과 노를 젓는 호흡도 척척 맞았다. 물살을 만나 뱃머리가 왼편으로 흐를 때면 누가 먼저랄 것 없이 "오른쪽!"을 외치며 바른쪽으로 패들링을 집중했다. 강줄기를 타고 한 시간쯤 내려왔을까? 저 멀리 흡사 커다란 군함을 닮은 바위가 보였다.

"여기가 배바위인 것 같아요! 사진에서 봤던 그 모습입니다!"

"맞네요! 저기 저 바위가 배바위네요!"

"우아, 다 왔다! 도착이다!"

긴 항해에 조금씩 지쳐가던 아빠도 아이도 다시 기운을

차려 노를 젓기 시작했다. 십여 분쯤 더 내려와 다섯 척의 카누를 한편에 가지런히 정박시킨 후 각자의 배낭을 둘러메고 박지 탐험에 나섰다. 볼링공만 한 바위가 즐비한 돌밭을 지나 흙과 잔디가 무성한 바닥을 찾았다. 아이들은 언제 친해졌는지 다 함께 어울려 노닥이고 아빠들은 텐트를 설치하기 시작했다. 집 짓기를 마친 아빠들이 체어를 펼치고 그늘에 앉아 담소를 나누는 사이, 아이들은 강물에 낚싯대를 드리웠다. 눈먼 고기도 피해갈 어설픈 낚싯바늘이지만, 혹시나 하는 기대감에 아이들의 눈이 반짝였다. 하지만 물고기들이 응답하지 않자 아이들은 하나둘 흥미를 잃어갔다. 이번엔 작은 족대를 꺼내 들었다. 그러고는 물이 가두어진 작은 못으로 갔다. 올챙이들이 가득한 못에서 아이들은 옷 젖는 줄 모르고 한참 동안 자연에 심취했다. 해가 모습을 감출 무렵, 아이들은 각자의 텐트로 돌아와 따듯한 옷으로 갈아입었다.

그러는 사이 고양 아빠는 보물찾기를 준비했다. 텐트 틈새, 돌 아래, 풀숲 안까지, 구석구석에 형형색색의 작은 종이를 접어 숨겨두었다. 아이들 모두 하나되어 보물찾기에 열중했다.

오래 지나지 않아 어둠이 짙게 내리깔렸다. 오랫동안 기다렸던 오늘의 카누 캠핑, 함께 노를 저어 여기까지 온 여정을 곱씹으며 홍천강의 물소리를 자장가 삼아 눈을 감았다.

이튿날 해가 솟을 무렵 한 아이 아빠와 함께 노를 저어 물

오늘은 내가 선장!

안개가 자욱한 홍천강 상류로 거슬러 올라갔다. 우측으로 커다란 텐트와 자동차가 즐비한 텐트촌을 만났다. 노지 캠핑의 성지로 익히 알려진 모곡 밤벌 유원지였다. 일찍 일어나 물안개를 만끽하던 몇몇 캠퍼들이 손을 흔들어주었다. 우리도 잠시 패들링을 멈추고 손을 흔들어 답례를 했다. 산에서 맞이하는 아침과는 또 다른, 색다른 하루의 시작이었다. 이렇게 상쾌할 수가. 우리끼리만 이 기분을 만끽할 수는 없었다.

빵과 과일 등으로 가볍게 아침을 해결한 뒤 아이들과 함께 카누에 올랐다. 선장이 된 아이들이 이끄는 대로 한적한 강줄기를 따라 항해했다. 청쾌한 아침 공기를 가로지르는 카누 드라이브라니, 이보다 더 낭만적일 수는 없었다.

머문 자리를 정리하고 선착장으로 돌아오는 길, 아들에게 물었다.

"카누 타고 물 위를 노 저어본 이번 여정은 어땠어?"

"카누도 재미있지만 친구들이랑 형, 누나가 있어서 더 좋았어! 다 같이 한 배를 타고 노 젓는 여행도 재미있을 것 같아!"

사슴 찾아 삼만리

오늘은 어린이날이다. 아들과 덕유대를 다녀온 지 꼭 1년이 지났다. 이번 어린이날에는 따로 아들에게 무엇을 하고 싶은지 물어보지 않았다. 한 달 전부터 이미 약속했기 때문이다. 우리는 사슴을 보러 가기로 했다. 과천 서울대공원 동물원도, 용인 에버랜드 로스트밸리도 아니다. 인천항으로 간다.

아침 6시 40분, 인천항 여객터미널 주차장에 도착했다. 목적지는 인천시 옹진군 덕적면에 위치한 '굴업도'. 사람이 거주하는 우리나라 섬 중 원형이 가장 잘 보존된 섬으로 꼽히는 굴업도는 희귀 조류와 희귀 생물이 서식해 한국의 갈라파고스라고도 불린다. 백패킹의 성지로도 잘 알려져 있다. 오래전 굴업도 주민이 키우던 몇 마리의 사슴이 굴업도의 야생을 누비며 자연 번식해 지금은 그 개체 수가 100마리를 훌쩍 넘는다고 한다.

굴업도에 발 딛기 위해서는 꽤 먼 바닷길을 달려가야 한다. 먼저 인천항에서 쾌속선을 타고 1시간을 달려 덕적도에 입도했다. 이번 여정은 아이 셋과 아빠 셋이 함께한다. 덕적도 선착장 앞 평상에 자리를 잡고, 회를 한 접시 떠서 천막 아래 펼쳐진 좌판에 앉았다. 섬 할머니들의 인심은 후했다. 도톰한 생선회는 접시가 넘칠 듯 수북했다. 아직 회 맛을 잘 모르는 여섯 살도, 초등학생 누나들의 부추김에 용기를 내어 한 점 먹어봤다. 어른 입맛 누나들을 따라 초장도 콕 찍었다. 처음엔 잠시 인상을 찌푸리더니, 이내 쫀득거리는 식감을 음미하며 이렇게 말했다.

"아빠 맛있어! 나 한 입 더 먹을래요!"

이렇게 여섯 살은 날것의 맛에 첫눈을 떴다.

신선한 바다 먹거리를 한바탕 즐기고 나니 굴업도로 들어가는 나래호에 탑승할 시간이었다.

나래호는 문갑도, 지도, 울도, 백아도, 굴업도, 총 다섯 개의 섬을 기항하는 차도선이다. 갑갑한 선실을 피해 선미에 자리를 잡았다. 시원한 바닷바람에 도심에서의 갑갑함을 잠시나마 잊어보았다.

덕적도를 출발한 지 50분쯤 되었을 때 도착 안내 방송이 나왔다. '드디어 우리가 굴업도에 도착하는구나.' 실감이 났다.

굴업도 선착장에는 1톤 트럭이 서너 대 줄지어 서 있었다. 민박 예약객을 픽업하러 온 차량인데, 굴업도를 찾은 백패커들의 배낭도 마을까지 함께 실어주는 듯 보였다. 배에서 함께 내린 몇몇 백패커들은 자연스럽게 트럭의 화물칸에 배낭을 내려놓았다.

"아들, 우리도 배낭 실어달라고 해볼까?"

"음…… 우리 오늘 얼마나 걸어야 해? 아빠?"

"여기서 마을까지는 작은 언덕을 넘어 20분 정도 걸어야 하고, 마을에서부터 박지까지는 1시간 정도 더 들어가야 해."

"그럼 그냥 메고 가자. 우린 백패커니깐!"

포장도로를 따라 1km쯤 걸어 마을에 다다랐다. 굴업도 마을에는 대여섯 곳의 민박 시설이 있는데, 민박집들은 대부분 식당을 겸하고 있었다. 오늘의 박지인 개머리언덕으로 향하기 전 마을 식당에서 점심을 먹고 가기로 했다. 고를 수 있는 메뉴가 따로 있지는 않았다. 인당 1만 원의 백반. 찌개와 국, 다양한 반찬과 생선구이까지, 아이도 어른도 든든하게 배를 채운 뒤 마을 앞 큰말 해변으로 걸음을 옮겼다.

파도 소리를 왼쪽 귀에 담으며 긴 백사장을 가로질러 철문을 통과하니 가파른 비탈길이 우리를 맞이했다. 곧 사슴을 만날 수 있다는 기대에 부풀어서일까? 각자의 몸집만 한 배낭을 둘러멘 아이들의 걸음이 사뭇 가벼워 보였다. 20kg을 훌쩍 넘는 배낭을 둘러멘 아빠들은 숨을 몰아쉬며 그 뒤를 따랐다. 5월답지 않은 뜨거운 햇빛에 땀방울이 송골송골 맺혔다.

"우아! 얼른 올라와봐 아빠! 여기 엄청 멋있어! 그리고 바

해질 녘의 굴업도 개머리언덕은
인간과 자연이 어우러진
완벽한 한 폭의 그림이었다.

람도 시원해!"

어느덧 능선 위에 올라선 아들이 소리쳤다.

과연 능선에 다다르자 푸른 바다와 초록이 뒤섞인 탁 트인 절경이 눈앞에 펼쳐졌다. 시원한 바닷바람이 언덕을 오르며 맺힌 땀방울을 식혀주었다. 바람을 가르며 한 걸음 또 한 걸음 개머리언덕을 향해 걸었다. 양옆이 탁 트인 목초 능선은 아이들도 무난하게 걷기 좋았다. 한 시간여를 걸어 개머리언덕에 다다랐다. 우리는 탁트인 언덕 끝에 자리를 잡기로 했다.

텐트 설치를 마치자 여유가 생겼다. 아들은 누나들과 함께 초록을 뛰어다니며 자연을 즐겼다. 함께 온 다른 아빠들은 이른 새벽부터 계속된 여정에 휴식이 필요했는지 침낭과 한 몸이 되어 단잠에 들었다. 나는 체어에 앉아 귓전을 스치는 파도 소리를 음미하며 풍경을 만끽했다. 어느덧 바람의 방향이 바뀌었다. 푸르던 하늘에 붉은빛이 감돌기 시작했다. 사라졌던 아빠들도 기지개를 켜며 텐트 밖으로 나왔다.

"저기 언덕 위에서 내려다보면 더 멋있을 것 같은데요?"

해가 저물어 가는 하늘을 바라보던 한 아빠의 제안에 다 같이 언덕 위로 올라갔다. 5분쯤 걸어 오르다가, 이쯤이면 되지 않을까 싶은 곳에 서서 뒤를 돌아보는 순간, "아……." 절로 탄성이 나왔다. 인간과 자연이 어우러진 완벽한 한 폭의 그림. 우리나라에 유토피아가 존재한다면 바로 '지금 내 눈앞에 펼쳐진 여기가 아닐까.'라는 생각이 들었다. 바람을 거스르며 힘차게 올라오던 여섯 살 아들은 아빠를 따라 자신도 뒤돌아 먼발치를 바라봤다.

"우아…… 멋지다!"

반하지 않을 수 없는 멋진 풍광에 시간이 멈춰버린 듯 아빠도 아들도 각자의 자리에 서서 물끄러미 바다를 바라봤다. 오랫동안 꿈꿔왔던 오늘이다. 수평선 너머로 해가 사라진 후에도 일몰의 감동은 가시질 않았다. 파도 소리와 바람 소리, 그리고 아이들의 재잘거리는 소리가 만들어낸 삼중주에 굴업도의 밤은 깊어갔다.

아침이 밝았다. 간밤의 바람은 과히 대단했지만, 텐트 앞뒤 좌우의 보조 스트링까지 모두 단단히 고정한 덕에 우리 일행의 텐트는 모두 무사했다. 내가 텐트를 접는 동안 땅에 박힌 팩을 뽑던 아들이 물었다.

"아빠, 그런데 사슴은 어디에 있는 거야?"

아차. 굴업도의 비경에 젖어 잠시 사슴의 존재를 잊고 있었다. 백 마리가 넘는 사슴이 굴업도에 서식하고 있다지만 어디로 가야 만날 수 있는지는 미지수. 사슴을 보지 못하고 돌아가는 경우도 종종 있다고 들었다. 마음이 조급해졌다. 자연을 뛰노는 사슴을 보러 먼 길을 달려왔는데, 아들에게 실망감을 줄 수는 없다. 배낭을 메고 개머리언덕을 올라 능선으로 접어들며 사슴을 불러보지만 도통 보이지 않는다. 배 시간이 다가

오기에 하염없이 사슴을 찾아 돌아다닐 수는 없었다. 어디 숨었는지 좀처럼 모습을 드러내지 않는 사슴이 차츰 원망스러워질 무렵, 한 아이가 소리쳤다.

"사슴이다 사슴! 저기 사슴이 있어요!"

"하나, 둘, 셋, 넷…… 다섯! 사슴이 다섯 마리나 있어요!"

능선 아래의 초지를 한가로이 누비는 사슴 떼가 나타났다. 조금 더 가까이, 배낭을 내려놓고 조심조심 비탈진 초지를 걸어 내려갔다. 다섯 마리 사슴과의 거리는 20m 남짓, 혹시나 사슴들이 달아날까 조심스러웠다.

"저기 봐 아빠! 사슴 엉덩이는 하얗네. 귀여워!"

"아빠, 사슴 가족인 것 같아. 저기 저 큰 사슴이 아빠 사슴이고 그 옆에 엄마 사슴. 그리고 세 마리는 어린이 사슴. 그치?"

인기척을 느낀 사슴 떼는 한동안 우리 쪽을 지그시 바라보다가 뒤편의 소사나무 군락지 안으로 사라졌다. 여섯 살 아들도 초등학생 누나들도 자연을 뛰노는 사슴을 눈앞에서 본 게 신기했던 듯, 좁은 소사나무 그늘 안쪽을 한참 응시한 후에야 만족한 표정으로 발길을 돌렸다.

나래호에 몸을 실었다. 선미에 선 여섯 살은 멀어지는 굴업도를 바라보며 얘기했다.

"아빠, 섬도 예쁘고 바다도 멋있었지만, 사슴을 만난 게 제일 좋았어! 다음엔 엄마랑 서하랑 우리 가족 다 같이 오자. 틀림 없이 엄마랑 서하도 사슴을 보면 좋아할 거야!"

선두 반보,
선두 반보

지난 일 년간 스물세 번의 후기를 온라인 커뮤니티에 연재했다. 훗날 아들과 함께 그날들을 곱씹어볼 기록을 남긴 것이다. 아들의 여정을 응원해주는 이모, 조언을 해주는 삼촌, 그리고 우리 부자의 다음 여정을 기다린다는 구독자도 생겼다. 캠핑을 통해 아이들과 자연 속 교감을 시도하는 부모 캠퍼들부터 같은 취미를 함께 영위하는 동료 백패커까지, 제법 다양한 환경의 이모 삼촌 팬들이 생겼다. 그즈음이었던 것 같다.

"혹시 다음번 아빠 백패킹 모임은 언제 있나요?"

아이와 함께 백패킹을 준비한다는 한 예비 아빠 백패커가 물었다.

아빠 백패킹 모임, 이름하여 '슈퍼맨 모임'은 지난해 12월

나각산에서의 '1탄'을 시작으로 올해 4월 카누를 타고 떠났던 배바위에서의 '2탄'으로 이어졌다. 마침 나도 '슈퍼맨 3탄'을 고민하던 중이었다. 배낭을 메고 산행할 때 아들이 만나는 사람 대부분은 어른이었는데, 백패킹 모임을 하며 자연을 함께 뛰노는 또래 친구들이 생긴 것이 큰 즐거움이 된 것 같았다. 다른 부모들로부터 자녀와 함께 자연을 즐기는 노하우를 배울 수 있다는 기대도 있었고, 한편으론 나의 지난 경험이 아이와 함께 백패킹에 입문하려는 부모들에게 길라잡이가 될 수 있지 않을까 하는 생각도 있었다.

그러던 중 백패킹 커뮤니티에서 소통해오던 이모 팬이 컬래버레이션 모임을 제안했다. 심리상담사와 주일학교 교사로 다년간 활동해온 경험을 살려 슈퍼맨 모임의 게스트로 레크리에이션을 맡아 진행하겠다고 자청했다. 정원은 여덟 명, '이모쌤과 함께하는 슈퍼맨 3탄!'이라는 제목으로 아빠와 자녀를 모집했다.

목적지는 인제천리길. 국내 천연보호구역 11곳 중 3곳이 포함되어 있을 만큼 빼어난 경관을 자랑하는 강원도 인제군의 옛길 20개 구간으로 이루어진 인제천리길은, 작은 길까지 포함하면 총 505km에 걸쳐 36개의 코스로 구성된 긴 트레일이다.(2024년 1월 기준)

그중 우리가 걸어갈 길은 인제천리길 7-2구간, 산 넘고 물 건너가야 하는 오지 중에 오지, 마장터로 간다. 한낮의 기온이 30도에 육박하는 6월은 바야흐로 계곡의 계절이다. 물놀이와 트레킹을 즐기기에는 모기가 기승을 부리는 7~8월보단 6월이 더 좋다. 여덟 아빠와 이모쌤은 들머리인 박달나무 쉼터에 모였다. 그중 한 아빠가 돋보였다. 양손에 딸 둘의 손을 잡고 3인용 텐트를 짊어진 딸바보 아빠. 두 딸과 함께 온 진짜 슈퍼맨 덕에 총 여덟 명의 아빠와 아홉 아이가 모였다.

"안녕하세요, 여러분. 오늘 모임의 진행을 맡게 된 저는 '쁘이'라고 합니다. 경상도 사투리로 이쁜이를 '이쁘이'라고 하죠. 전 성이 권 씨라 '권쁘이'예요. 하하. 앞으로 저를 쁘이 선생님 혹은 쁘이쌤이라고 불러주시면 돼요!"

커다란 동그라미 대형으로 서서 한바탕 체조를 마친 후 아이들은 쁘이쌤이 지난밤 손수 만들어온 사탕 목걸이를 하나씩 받아 목에 걸었다. 오늘 우리는 이곳 박달나무 쉼터에서 출발해, 소간령을 넘어 마장터에서 하룻밤을 머무른 후 다시 원점으로 회귀하는 왕복 약 10km를 산행할 예정이다. 오늘이 처음이라는 최연소 다섯 살 막내 여동생부터 수차례 여정을 함께 한 초등학교 6학년 맏형까지, 성별도 나이대도 다양했다.

아빠도 아이도 설레는 마음으로 출발하려는데, 초입부터 난관에 봉착했다. 커다란 바위와 작은 돌이 뒤섞인 돌다리를 밟고 계곡을 건너야 하는데, 지난 수일간 내린 비로 계곡이 불어 물살이 상당히 거셌다. 밟고 건너야 하는 바위 몇몇은 물이 찰랑찰랑 넘칠 만큼 잠겨 있었다. 자칫 아이들이 돌다리를 건

너다 크게 미끄러질 수도 있는 상황이었다. 그때 워터슈즈를 신은 한 아빠가 물속으로 풍덩 들어갔다. 그러곤 아이들 한 명 한 명의 손을 잡고 물길을 건너게 해주었다. 모두 무사히 첫 고비를 넘겼다.

이후로는 졸졸 흐르는 정도의 계곡이라 어려움은 없었다. 등산로가 좁기에 아이들도 어른들도 앞뒤로 길게 줄지어 늘어섰다. 열여덟 명의 행렬은 결코 짧지 않았다.

오늘의 슈퍼맨들은 국방의무를 다한 예비역들. 그래서일까? 군대 용어들이 난무했다.

"선두 반보. 선두 반보."

후미의 아빠가 외치자 그 앞, 또 그 앞의 아빠들이 앞장선 인솔자에게 전달했다. 아이들도 재미있는지 연신 따라서 '선두 반보'를 외쳤다. 하지만 아이들이 '반보' 뜻을 알 리 없었다.

'한보란 한 걸음 정도의 거리를 뜻하고, 반보란 걸음을 조금 좁히라는 의미'라고 알려주었다. 조붓한 숲길을 따라 걷다 보니 어느덧 점심시간. 등산로 한편에서 각자 챙겨온 도시락으로 가볍게 점심을 해결한 일행은 다시 힘을 내어 걷기 시작했다. 가쁜 숨을 내쉬며 길을 따라 오르니 세 아름쯤 돼 보이는 돌무더기가 눈에 들어왔다. 작은 새이령이라고도 불리는 해발 585m의 소간령 정상이다. 그곳에는 고갯길 행인들의 숱한 소원이 담긴 돌무더기와 함께 당산목 아래 작은 서낭당에는 산행객들의 무사 안녕을 비는 정화수가 덩그러니 놓여있었다. 진부

령과 미시령이 생기기 전 영동과 영서를 잇는 주요 교역로였던 마장터 길의 중턱에서 잠시 숨을 골랐다.

어느 순간부터 휴대전화는 신호를 잃었다. 지난겨울 얼음계곡 트래킹 이후 오랜만에 느껴보는 사회와의 단절이었다. 한참을 더 걸어 수풀이 무성한 좁은 산로의 끝에 다다르니 양 갈래 물길이 나왔다. 우측 좁은 물길을 건너면 대간령으로 연결된다. 우리는 좌측 넓은 물길을 건너기로 했다.

아이들이 건너기에는 돌과 돌의 간격이 조금 멀찍했다. 슈퍼맨들이 출동했다. 기꺼이 물에 뛰어든 아빠들은 커다란 돌과 바위를 쌓고 또 쌓아 돌다리를 만들고 아이들의 도하를 도왔다.

세상과 단절된 오지, 마장터에 도착했다. 물 건너편 언덕

위 울창한 나무숲이 만든 그늘에 터를 잡기로 했다. 등산로와는 조금 거리가 있는 막다른 길, 숲속의 노지 야영장과 같은 모습이었다.

"도착!"이라는 한마디에 아이들은 저마다 등산화를 벗고 바지를 걷어 올렸다. 마치 서로 약속이라도 한 듯 계곡으로 돌진하는 아이들. 주먹만 한 돌을 날라 둑을 쌓고, 나뭇가지를 들고 낚시 놀이를 했다. 그사이 아빠들은 집을 짓고 저녁 식사를 위해 테이블과 체어를 가지런히 놓았다.

"여러분! 우리 이제 모여볼까요?"

뻐이쌤의 호출과 함께 즐거운 레크리에이션 시간이 시작되었다. 가위바위보 게임, 눈 가리고 밀가루 사탕 먹기 게임, 꼬리 늘리기 게임, 신문지 접기 게임과 이미지 게임까지, 추억의 게임들 총망라였다. 레크리에이션이라기보단 아빠와 아이가 함께하는 미니 운동회에 가까웠다. 각 게임의 승리자에겐 크고 작은 젤리와 사탕이 수여되니, 아이들에게 이보다 더 큰 동기부여가 있을까? 아빠와 아이가 한마음 한뜻으로 뭉쳤다. 3년째 계속되고 있는 감염병의 유행으로 미취학 아이들과 초등학교 저학년 아이들은 아직 운동회나 체육대회를 한 번도 경험하지 못했다. 미니 운동회는 그런 아이들의 자긍심을 유발했고 게임을 거듭할수록 아이들은 거리 두기 때문에 잠시 잊고 있던 협력의 중요함을 깨닫고 있었다.

휴대전화 신호를 잃어버린 마장터에서의 24시간은 아빠

슈퍼맨 아빠를 따라
마장터를 수놓은 아홉 꼬마들.

와 아이 모두 서로에게 집중할 수 있는 시간을 선사했다. 레크리에이션이 끝나고 깊은 밤 고요히 물 흐르는 소리만이 가득한 때까지도 아빠와 아이의 교감은 계속되었다.

"다음 슈퍼맨 모임은 언제를 예상하시나요?"

이튿날 아침 상쾌한 아침 공기를 마시며 박달나무 쉼터로 돌아와 서로를 배웅하던 중에 한 슈퍼맨이 질문을 띄웠다.

"더운 여름 시원히 보낸 후 선선한 가을날은 어떨까요?"

곁에서 아빠들의 대화를 들은 아이들은 손을 흔들며 오늘의 아쉬움과 가을날의 기대감이 뒤섞인 표정으로 작별 인사를 나눴다.

45km 완주,
자신 있나요?

"아빠, 그런데 왜 백패킹은 늘 하룻밤만 자고 오는 거야? 두 밤이나 세 밤을 잘 수는 없어?"

그랬다. 지난 스물여섯 번의 백패킹은 모두 1박 2일의 여정이었다. 이틀 이상의 긴 공백은 집에 있을 둘째와 아내에게 소외감을 주지 않을까 하는 염려도 있었다.

달력을 넘겼다. 10월인 다음 달에는 개천절과 한글날의 대체공휴일이 연달아 주말에 붙어있었다. 개천절 연휴에는 미국에서 유년 시절을 함께했던 친구와 선약이 있다. 하지만 우리에겐 한글날 연휴가 있다! 아내에게 물었다.

"혹시 서진이랑 2박 3일 일정으로 백패킹을 다녀와도 괜찮을까?"

아내는 흔쾌히 허락해주었다. 다음은 아들 차례다.

"아들, 두 밤을 자는 백패킹은 가방도 무겁고 더 오래 더 많이 걸어야 해. 평소의 1박과는 다를 거야. 꽤 힘이 들지도 몰라."

"우아! 정말 두 밤 자러 가는 거야? 3일이니까 더 많이 걷겠지! 그건 문제없어! 그래서, 언제? 어디로 가?"

"아빠가 얘기했지? 다가오는 주말엔 아빠와 어릴 적 친했던 노아 삼촌이 우리 집에서 며칠 지내다 간다고. 그다음 주말에 가자! 어디든! 걷기 좋은 곳으로!

개천절 연휴가 되었다.

30년지기 친구와의 만남은 식탁을 가득 메운 한국인의 밥상으로 시작했다. 한국을 처음 찾은 미국인 친구를 데려간 곳은 속리산 국립공원. 법주사에서는 33m의 우월한 기럭지를 과시하는 금동미륵대불에 놀랐고 문장대를 거쳐 천왕봉을 돌아내려 오는 장장 10시간의 속리산 종주 길에는 때 이른 가을을 만끽하러 쏟아져 나온 한국의 등산 인구에 감탄했다. LG 가전제품으로 뉴스를 보고 삼성의 휴대전화를 사용하며 현대차를 타고 가족과 여가를 즐긴다는 사우스캐롤라이나에서 온 노아는 '세계시장을 지배하는 유수의 기술을 가진 한국은 높은 빌딩숲으로 이루어진 작은 나라일 거라고 생각했는데, 이렇듯 멋들어진 산과 숲이라니! 이번 방문을 계기로 한국에 대한 인식이 완전히 바뀌었다.'라고 했다. 그러곤 물었다. 서진이와의 다음 여정은 언제 어디로 계획 중이냐고. 난 싱긋 미소 지으며 답했다.

"Guess where we'll be exploring in the coming weekend!"

이번 목적지는 석탄을 나르던 높은 길이란 뜻의 '운탄고도'다.

영월을 출발하는 1길의 통합 안내센터부터 삼척으로 이어지는 9길 소망의 탑까지, 총길이는 173km다. 그중 우리는 운탄고도 5길 만항재부터 4길 예미역까지의 45km 코스를 목표로 했다. 파란 하늘, 노랗게 물들어가는 초록, 콧등을 간지럽히는 시원한 바람까지, 모든 것이 완벽한 아침이었다.

사흘 여정의 첫걸음을 내딛는 오늘은 구리 부녀와 고양 부녀가 함께한다. 기나긴 걸음을 이어가다 보니 출발 무렵 등 뒤에서 떠올랐던 해는 정수리 위를 지나 어느덧 열한 시 방향으로 저물어갔다. 이제부터는 자신과의 싸움이다. 각자의 페이스에 맞춰 걷다 보니 일행과 멀어졌다. 아들과 두런두런 대화를 나누며 걸었다. 45km 코스 완주에 자신 있냐는 질문에 여섯 살은 우렁차게 "네!"라고 대답했다.

소탈한 미소를 머금은 금빛의 광부 동상이 반겨주는 1177갱에 도착할 무렵 서쪽 하늘이 붉게 타들어갔다. 오늘의 박지는 도롱이 연못이다. 지난겨울 영하 20도 혹한의 추위를 맛봤던 바로 거기다. 1177갱부터 도롱이 연못까지는 20분 남짓. 어둠과 나란히 발걸음하며 박지에 도착한 우리는 길었던 오늘과 내일 일정에 대한 긴장 속에 얼마 지나지 않아 잠에 들었다.

"하나둘 셋 넷~ 둘 둘 셋 넷~."

평화로운 아침을 여는 아이들의 구령 소리. 아빠도 아이도 배낭을 둘러메기 전, 2일 차 트레킹에 임하기 위한 준비운동에 한창이다.

도롱이 연못을 출발해 허기진 광부들이 야생화와 진달래를 꺾어먹으며 허기를 달랬다고 하여 '꽃꺽이재(꽃꺼끼재)'라 이름 붙은 화절령을 지나 새비재 방향으로 접어들었다. 부담 없이 걸어가다가 해질 녘 숲속에서 하룻밤을 더 쉬어 갈 계획이었다. 누적된 피로 탓에 발걸음이 마냥 가볍지만은 않았다. 중간중간 보이는 평상에 가방을 내리고 한 번씩 두 번씩 쉬엄쉬엄 걸었다. 이번 코스 중 유일한 식수 보급처에서 물통을 채울 즈음, 심상치 않은 하늘빛

에 이어 빗방울이 볼에 떨어졌다. 배낭에 레인 커버를 씌우고 방수 재킷을 꺼내 입었다. 열 살 누나는 노란색 판초 우의로 무장했고, 열한 살 일곱 살 자매는 일회용 비닐 우비를 덮어썼다. '툭', '투둑' 빗방울이 떨어졌다. 부슬부슬 내리는 가을비를 맞으며 걷기 시작했다. 비를 피할 곳은 없었다. 빗속에서 점심을 먹고 휴식도 했다. 3일 치의 음식과 옷, 야영 장비가 든 내 배낭은 30kg을 훌쩍 넘는다. 묵직한 가방에 짓눌린 어깨의 감각이 점차 둔해질 무렵, 함께 걷던 한 아이가 다리 통증을 호소했다. 아이 아빠와 함께 다리를 주무르기도 하고 신발을 벗고 잠시 발을 쉬어 주기도 했다. 원래 이즈음에서 숙영지를 찾을 계획이었다. 하지만 긴 시간 비를 맞으며 걷다가 지친 그 아이를 위해 일행은 고민 끝에 중탈을 결심했다. 따듯한 숙소를 찾아 몸을 녹이고 휴식을 취하기로 했다. 다만, 그러기 위해서는 오늘 조금 더 많은 거리를 걸어야 했다.

"얘들아, 우리 오늘 밤은 텐트 대신에 따듯한 숙소를 찾아 쉬는 건 어떨까?"

"그러려면 2~3시간쯤? 더 걸어야 해. 대신 마을로 내려가서 맛있는 고기 구워 먹자! 바비큐 파티! 어때?"

아이들은 쾌재를 불렀다. 안락한 숙소와 바비큐 파티라는 말에 아이들은 발에 모터를 단 듯 속도를 높였다. 칠흑같이 어두운 밤, 헤드랜턴의 불빛에 의지한 일곱 일행은 "할 수 있다!", "아자아자! 파이팅!"이라고 서로를 응원하며 제법 굵어진 빗줄

기를 뚫고 짙은 안개 속으로 뛰어들었다.

다음 날, 운탄고도의 추억을 뒤로 한채 집으로 돌아가는 고속도로를 달리던 중, 창밖을 응시하던 아들이 질문을 던졌다.

"아빠! 그럼 우리 이번에 운탄고도 완주는 실패한 거야?"

지난 이틀 동안 무거운 배낭을 메고 아침부터 저녁까지 계속해서 걸었던 운탄고도가 아들에게 실패로 기억되면 안 될 것이다.

"실패라니! 만항재부터 예미역까지로 계획했던 코스를 다 걷지는 못했지만, 만항재부터 새비재까지의 종주를 성공한 거야. 45km 완주 실패가 아니라 운탄고도 35km 종주 성공!

정말 어려운 일을 해낸 거야, 아들!"

실패가 아닌 성공이라는 말에 잠시 의기소침했던 아들의 얼굴에 미소가 감돌았다.

그날 이후 오랜 시간 동안 운탄고도 35km의 기억은 아들의 자랑이자 자부심이 되었다.

오늘이 마지막이면 어떡하지?

나의 올해 목표 중 하나가 '서진이 물개 만들기'였다. 생존 수영만큼은 꼭 배웠으면 했다. 아들은 백패킹을 전도한 동네 친구 주안이 형과 함께 집에서 멀지 않은 어린이 수영 교육 시설을 찾아서 등록했다. 헬퍼와 킥판의 도움으로 물에 떠서 겨우 발차기를 하던 아들은 어느덧 자유형과 배영으로 25m 레인을 왕복했다. 동네 친구와 함께 수영 강습을 마치고 집으로 오던 10월의 어느 날이었다.

"삼촌! 우리 언제 또 함께 백패킹 갈 수 있어요?"

어깨산에서 첫 백패킹의 매력을 맛본 동네 친구는 두 번째 여정을 손꼽아 기다리고 있었나 보다. 그 후로 당일 산행을 몇 차례 다녀오긴 했지만 아빠 회사일이 바빠서 백패킹은 아직 못 갔단다. 문득 지난봄 어깨산에서 약속했던 가을날의 여정이 떠올랐다. 동네 아빠와 서로의 일정을 확인했고, 가을 단풍이 농익었을 11월의 어느 날로 디데이를 정했다.

이번에 우리가 향하는 곳은 전국에 수많은 동명이산同名異山을 둔 다섯 봉우리의 산. 그중에서도 완주와 임실에 걸쳐진 전라북도 오봉산이다.

"붉은색 푸른색 그사이 3초 그 짧은 시간, 노란색 빛을 내는 저기 저 신호등이~."

지난봄만 해도 만화와 애니메이션 주제가를 즐겨 듣고 흥얼거리던 아들의 플레이리스트엔 이제 K-POP이 줄지어 서있다. 제법 노래도 잘 따라 부른다. 여섯 살도 일곱 살도 이무진의 신호등을 흥얼거리며 고속도로를 달려갔다.

완주군 구이면 백여리의 소모마을 주차장. 깔끔하게 정비된 공중화장실 옆으로 당당히 서있는 등산 안내도를 살펴봤다. 목표는 다섯 개의 봉우리 중 제5봉 정상이다. 5봉으로 바로 올라가는 짧은 코스도 있고 1봉, 2봉, 3봉, 4봉을 차례로 거쳐서 5봉으로 오르는 코스도 있었다. 우리는 다섯 개의 봉우리를 순서대로 거쳐 5봉에서 하룻밤 머무른 뒤 소모마을로 단번에 내려오는 환종주 코스에 도전하기로 했다.

서늘한 가을바람과는 달리 볕은 따사롭다. 조용한 마을을 지나 등산로에 접어들자 초입부터 경사가 상당했다. 한동안 사람의 발길이 닿지 않았는지 수북이 쌓인 낙엽을 헤치며 걸음을 옮기는 게 여간 어렵지 않았다. "얘들아 괜찮니?" 길을 트기 위해 앞서 걷다가 뒤따라오는 아이들을 돌아봤다.

오르막과 내리막이 계속해서 반복되는 탓에 점차 쌓여가는 누적 고도와 함께 어깨도 두 발도 무거워졌다. 3봉에 도착했다. 다섯 봉우리 중 세 번째 봉이니, 이제 절반을 온 셈이다.

"그런데 왜 오봉산에는 사람이 없을까?"

여섯 살이 물었다. 입산한 지 두 시간이 훌쩍 넘어가는데, 우리 일행 외의 등산객을 한 명도 못 만났기 때문이다. 주머니에서 서류를 꺼내어 보여주었다.

"입산 허가증? 이게 뭐야, 아빠? 허가가 무슨 뜻이야?"

"11월부터 12월 중순까지는 산불 조심 기간으로 입산을 통제해. 그래서 등산객이 없는 거야."

전국 대부분의 등산로는 봄방학과 가을방학이 있다. 2월 1일부터 5월 15일까지와 11월 1일부터 12월 15일까지는 각각 봄철, 가을철 산불 조심 기간으로 전국 많은 산의 입산이 통제되거나 등산로가 폐쇄된다. 해당 기간 중 산행을 계획한다면, 관할 지자체에 입산 허가 신청서를 제출하고 입산 허가증을 받아야 한다.

건조한 기후 탓에 유독 산불이 많은 한 해였다. 지난 3월 울진에서 발생한 산불은 213시간이라는 역대 최장 산불로 기록되는 오명을 남겼고, 6월의 밀양 산불은 이례적인 초여름 대형 산불로 기록되었다. 나무들이 타죽는다며, 동물들은 어떡하냐며, 걱정스러운 눈으로 TV 뉴스를 시청하던 여섯 살이었다. 그때를 상기시키며 다시 한 번 산불에 대한 경각심을 일깨워주었다.

대화를 이어가다 보니 어느덧 4봉에 도착했다. 해는 한참 전에 사라졌다. 회색빛으로 물든 하늘, 금방이라도 비가 쏟아질 것 같았다. 해가 지기 전에 여유롭게 5봉에 도착할 것을 예상했는데, 아무래도 어려울 것 같았다. 운행 속도가 더뎌졌다.

어둠과 함께 빗방울이 떨어지기 시작했다. 헤드랜턴을 이마에 두르고 절골재를 통과했다. 다행히 빗줄기가 아직 두껍진 않았다. 하지만 초행길의 야간 산행은 결코 쉽지 않았다. 어둠 속에서 낙엽에 가리어진 등산로를 찾다가 자칫 길을 잃을 수도 있다. 어스름한 달빛을 등에 지고 부지런히 발걸음을 재촉해보았다.

"우아 정상석이다! 해발 513.2미터! 오봉산 정상에 도착이야, 아빠!"

18시 10분, 드디어 5봉의 정상석과 마주했다. 오늘 밤 비바람과 맞서 싸울 진지를 구축했다. 허기진 배를 부여잡고 비를 피해 타프 아래 자리를 폈다. 이 순간의 컵라면과 전투식량은 세상 그 어떤 음식보다 화려한 성찬이다. 따듯한 라면 국물을 들이켜며 오늘의 산행을 곱씹었다. 어둠 속에 낙엽이 수북한 빗길을 거슬러 오르는 길은 정말 쉽지 않았다. 동네 아빠도 얘기했다. 정말 힘들었다고. 아이들의 응원 덕에 힘내서 올라왔다며 두 아이의 어깨를 토닥여주었다.

각자의 텐트로 들어와 침낭에 몸을 맡겼다. 아들이 속삭였다.

“아빠, 혹시 오늘 너무 힘들어서 주안이 형 아빠가 앞으로 백패킹 안 간다고 하면 어떻게 하지?”

“오늘이 마지막일까 봐 걱정돼? 내일 한번 물어보자! ‘내년 봄에도 같이 가실 거죠?’ 하고!”

이튿날 아침, 자욱한 안개를 뚫고 하산을 준비했다. 언제나 그랬듯이 오늘도 주변의 쓰레기를 줍는 것은 잊지 않았다. 장갑 낀 손으로 박지 주변의 낙엽 아래 묻힌 휴지 조각까지 남김없이 주워 담았다. 발아래를 뒤덮은 운무가 바람에 걷히더니 옥정호와 붕어섬, 유유히 이어지는 섬진강이 잠시 모습을 드러냈다. 하산길도 상당히 가팔랐다. 밤새 내린 비에 젖은 낙엽은 눈길같이 미끄러웠다. 등산 스틱을 콕콕 집어가며 조심스레 발걸음을 내디뎠다. 오늘따라 중간중간 길을 잇는 목조 데크 계단이 참 반가웠다. 소모마을에 다다랐다. 지난밤 내린 비가 제때 갈증을 해갈해준 덕분인지 마을 길에 길게 늘어선 단풍나무가 어제보다 한 층 더 붉은빛을 뽐내고 있었다.

주차장으로 돌아온 우리는 배낭을 차에 싣고 등산화를 벗었다.

"오늘도 정말 멋졌어, 아들!"

평소와 같이 아들의 발을 한 번 주물러준 뒤 운전석에 앉아 시동을 걸었다. 지난밤 아들의 속삭임을 듣기라도 한 걸까. 옆자리의 동네 아빠가 얘기했다.

"어제는 정말이지 쉽지 않았어요. 그동안 너무 오래 잊고 살았습니다. 운동을 해야겠어요. 주안이랑 같이 산도 다니고 헬스장도 다녀야겠습니다."

다행이다. 오늘이 주안 부자와의 마지막 백패킹은 아닐 듯 싶었다. 룸미러를 통해 아들을 바라봤다. 아빠와 같은 생각을 한 건지, 눈이 마주친 아들은 싱긋 웃으며 고개를 한 번 힘차게 끄덕였다. 그러곤 "아빠 이제 내 리스트 틀어줘!"라며 음악을 주문했다.

"건반처럼 생긴 도로 위 수많은 조명들이 날 빠르게 번갈아 비춰주고 있지만~."

세종 방향 이정표를 향해 고속도로를 달리는 차 안에서 아이들은 신나게 노래를 따라 불렀다.

겨울엔 생존이 걸려 있어요

봄부터 가을까지의 산행과 백패킹이 훈련이었다면 겨울 산행과 동계 백패킹은 실전입니다.

지난 세 계절 동안 산을 오르고 텐트와 장비를 펴고 접으며 갈고닦은 실력을 아낌없이 쏟아부어야 하죠. 포근한 봄날, 따듯한 여름날, 또는 하늘 높은 가을날엔 조금 느긋해도 되고 무더운 날엔 땀을 닦는 여유를 가질 수도 있습니다. 하지만 겨울은 달라요. 혹독한 추위 앞에서의 찰나는 체온을 앗아가 버리기도 하고 손가락 발가락의 감각을 뺏어 활동에 제약이 생기기도 합니다. 자칫 감기에 걸릴 수도 있고 아차 하는 사이 저체온증으로 위험한 순간을 맞을 수도 있어요. 가능한 구체적이고 상세한 계획을 세우고 그 안에서 움직이는 게 좋습니다. 날씨를 파악하고 그에 맞는 장비와 의류를 준비하는 것은 물론이고, 휴식 시간이나 텐트를 설치하는 시간 등 추위에 노출되는 시간도 미리 계산에 넣어야 합니다.

동계라는 전쟁터에서 아빠는 정확하고 빠른 판단을 내릴 수 있는 사령관이 되어야 하고, 아이는 충실하게 작전을 수행하는 참모가 되어야 합니다. 당장 땀에 젖은 옷을 마른 옷으로 갈아입고 재킷과 다운점퍼를 입어야 하는데 옷 갈아입는 동안 잠깐의 추위를 견딜 수 없다며 아이가 거부한다면? 그런 대치 상황에서 불필요한 시간과 에너지가 소모된다면? 엄동설한의 산중에서 굉장히 곤란한 상황을 맞이할 수도 있습니다. 그런 일이 있어선 안 되겠죠.

첫째, 아빠는 신뢰받는 선생님이 되어야 합니다.

때론 친구처럼, 때론 동네 형처럼 편안하고 가까운 아빠지만 함께 산속을 거닐 때만큼은 아이의 산행 선생님이 되어야 합니다. 이맘때쯤의 아이들에게 선생님이란 매우 중요한 존재입니다. 선생님이란 늘 본받을 대상이고, 그런 선생님을 아이들은 믿고 따릅니다.

아빠도 마찬가지라고 생각합니다. 아빠는 아이에게 믿음을 줄 수 있어야 합니다. 서로의 믿음과 신뢰가 바탕이 된다면 아이가 학교에서 선생님을 따르듯 산에서는 아빠를 따를 수 있을 겁니다.

둘째, 아빠는 전문가입니다.

산은 높고 정보는 많습니다. 출발 전 가고자 하는 지역과 산에 대한 자료를 찾아보고 코스를 확인합니다. 또 얼마큼의 거리를 걸어야 하고 난이도는 어느 정도가 되며 중간에 식수를 보급할 수 있는 약수터가 있는지 등의 정보도 숙지합니다. 지명의 유례나 산에 얽힌 이야기 등을 곁들일 수 있다면 더 좋습니다.

오늘날 교육 현장에서는 발도르프 교육의 일환으로 숲해설사나 유아숲지도사와 함께 아이들에게 자연 체험의 기회를 부여하곤 합니다. 하지만 몇몇 특성화된 기관을 제외하면 그 시간은 턱없이 부족하죠.

아이와 함께 산길을 걷는 순간만큼은 아빠가 숲해설사가 되고 등산지

도사가 되는 겁니다. 길고 장황할 필요는 없어요. '여긴 예부터 까마귀가 많이 살아서 오서(烏棲)산이라는 이름이 붙었대!'라거나, '문장대에 세 번 오르면 극락(極樂)에 간다는 말이 있었다더라!' 정도의 한 문장이면 충분합니다.

아이가 관심을 가지고 '왜?'라는 질문을 한다면 그때부터 아빠는 공부해온 지식을 맘껏 쏟아낼 수 있는 거죠. 물론 아이의 눈높이에서 쉽게 알려줘야 합니다. 게임의 형태도 좋아요. 예를 들면, '오(烏)와 서(棲) 둘 중에 어떤 글자가 까마귀라는 뜻을 가지고 있을까?'라고 묻는 거지요. 꼬리에 꼬리를 물고 이어지는 이러한 대화를 통해 아이는 제법 많은 양의 정보를 자연스럽게 습득할 수 있습니다.

셋째, 아빠는 자신의 말에 책임을 져야 합니다.

우리는 종종, 때론 하루에도 몇 번씩 아이와 크고 작은 약속을 합니다. 과자를 빚지기도 하고 장난감 선물을 담보 잡기도 하며 때론 워터파크나 여행을 약속하기도 합니다. 간혹 상황을 모면하기 위해 임기응변으로 약속을 남발하는 경우도 있습니다.

저도 아이와 약속을 합니다. 하지만 지키지 못할 약속은 아이의 신뢰를 얻을 수 없다는 생각에 아이와 함께한 약속에 책임을 지기 위해 최선을 다합니다. 자기 말에 책임을 지는 아빠를 보고 자란 아이는 자신 역시 약속에 책임을 집니다. 책임은 믿음의 바탕이 되고, 신뢰로 다져진 관계는 아빠와 아들의 경계를 초월한 힘을 발휘합니다.

아빠를 신뢰하는 아들은 '지금은 춥더라도 잠깐 참고 옷을 갈아입어야 해. 그러면 더 따듯하고 편안하게 쉴 수 있어!'라는 말에 머뭇거림 없이 재킷의 지퍼를 내립니다. 영하 20도에 육박하는 혹한의 계절에도 말이죠.

겨울엔 생존이 걸려있습니다. 쉬어야 할 때와 입어야 할 때를 판단하는 건 아빠의 몫입니다. 하지만 아빠의 판단을 믿고 따르는 건 평소의 믿음과 신뢰가 바탕이 되어야 합니다. 이는 하루아침에 쌓이지 않습니다. 아직 늦지 않았습니다. 지금부터 시작해보세요.

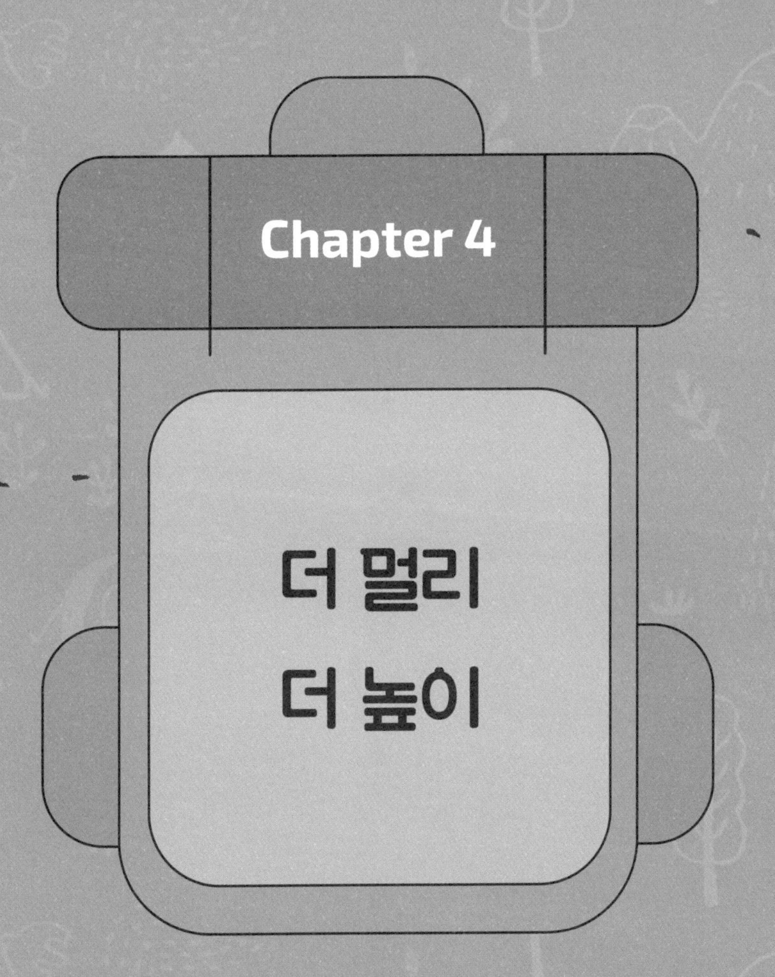

Chapter 4

더 멀리 더 높이

해발1,241m
민주지산
영동군
충청북도

아빠가 미안해

반짝이는 크리스마스트리의 조명 앞에 네 식구 둘러앉아 시하 아빠가 만든 슈톨렌을 한 조각 베어먹었다. 슈톨렌이 절반쯤 남은 걸 보니 어느덧 성탄절이 보름 앞으로 다가왔나 보다. 다가오는 주말, 일부 지역에 눈 소식이 있다는 저녁 뉴스를 본 여섯 살은 다가와 내 팔을 잡아당겼다.

"아빠! 우리 서른 번째 백패킹은 눈 맞으러 겨울산으로 가자!"

2022년 카타르 월드컵 이후 여섯 살 아들의 최애곡이 된 BTS의 'Dreamers'를 무한 반복으로 들으며 호남고속도로를 달렸다.

아들과 함께 오랜만에 떠나는 겨울산이라서일까? 혹시 잊어버린 건 없는지 불안한 생각도 들었지만, 절레절레 떨쳐버리고 아들과 함께 노래를 따라 불렀다.

2시간여를 달려 백양사 톨게이트로 진출했다. 세종을 출발할 때까지만 해도 앙상하게 마른 나뭇가지만 모습을 드러낸 다소 을씨년스러운 겨울 풍경이었는데, 도로도 나무도 능선도 온통 흰 눈을 뒤집어쓴 이곳은 흡사 겨울 왕국 같았다.

“아빠, 오늘은 에너지 몇 개짜리 산이야?”

“왕복 여덟 개? 아니다. 겨울산이니깐, 아홉 개!”

오랜만에 에너지의 개수로 산의 난이도를 확인하는 여섯 살과 배낭을 메고 힘차게 출발했다. 우리는 양고살재를 출발, 갈미봉과 벽오봉을 거쳐 억새봉에서 하룻밤을 머무를 계획이다. 그리고 다음 날 아침에는 방장산 정상의 정상목과 인사를 나누고 다시 원점 회귀 하산을 하기로 했다. 방장산 휴양림에서 출발하는 최단 거리 코스도 있었지만, 오랜만에 눈 덮인 겨울산의 매력을 만끽하고 싶었다.

하지만 욕심이었을까, 등산로 초입부터 난관에 봉착했다. 흡사 최상급의 스키 슬로프를 거슬러 올라가는 것처럼 미끄러운 데다가, 경사가 상당했다.

"아빠! 오늘 안 어려운 산이라며!"

원망이 담긴 여섯 살의 목소리에 세상에 어렵지 않은 산이 어디 있겠냐고 말하고 싶지만, 사실 나도 힘들었다. 초반 경사도가 이 정도일 줄은 몰랐다. 바위에 걸터앉아 아이젠을 신었다. 숨을 몰아쉬며 한참을 오르니 오른편으로 방장사가 보였다.

"우아, 감이다. 아빠! 나무에 감이 달려있어!"

한겨울 눈꽃이 맺힌 나무에 주황빛 감이 대롱대롱 매달린 감나무를 가리키며 아들이 소리쳤다.

"저건 까치밥이라고 하는 거야. 추운 겨울날 먹이를 찾아 헤매는 동물들을 배려하는 마음이란다."

방장사를 지나 조금 더 올라 갈미봉에 도착했다. 멋스러운 표식은 없었다. 그저 '갈미봉(571.6m)'이란 인쇄물만 현위치를 알려줄 뿐이었다. 산을 오르기 시작한 지 한 시간여 만에 만난 탁 트인 조망에 잠시 추위를 잊고 풍경을 만끽하려 했지만, 매서운 바람에 발걸음을 옮기고 말았다. 이곳보다 더 멋진 풍경이 기다리고 있을 거라며 억새봉 쪽으로 발걸음을 옮겼다.

고도가 높아지자 쌓인 눈의 깊이가 더 깊어졌다. 나는 그럭저럭 걸을 만했지만 아들의 등산화는 눈에 묻히고 말았다. 걸음을 멈추고 배낭을 열어 스패츠를 찾았다. 그런데 평소 스패츠를 넣어두는 좌측 포켓이 비어있는 게 아닌가. 다른 주머니를 뒤적여도 보이지 않았다. 아뿔싸⋯⋯ 스패츠를 놓고 왔다. 설산에서 스패츠의 역할은 굉장히 중요하다. 봄부터 가을까지는 작은 돌과 낙엽, 빗물이 등산화 안쪽으로 들어가는 것을 막아주고 겨울철에는 눈으로부터 발을 보호해주기 때문이다.

"미안해 아들, 아빠가 스패츠를 놓고 왔나 봐⋯⋯. 혹시 조금만 참고 갈 수 있을까? 빠른 걸음으로 가면 한 30분이면 박지에 도착할 것 같은데⋯⋯."

아들의 얼굴에서 웃음기가 사라졌다. 굳은 표정으로 고개를 끄덕이며 "빨리~"를 외쳤다. 그리고 한동안 말없이 빠른 걸음으로 좁은 산길을 거슬러 올라가고 또 내려갔다. 십여 분쯤 지났을까? 아들의 다급한 목소리가 내 배낭을 끌어당겼다.

"아빠, 그냥 여기다가 텐트 치면 안 돼? 나 더는 못 걷겠어. 발이 너무 시려."

오늘의 목적지인 억새봉까진 불과 500m 남짓이었다. 뒤 아빠 발목으로 눈이 들어오는 것 같아!

를 돌아보며 '10분만 더 참고 걸어줄 수 있을까?'라는 말이 목구멍까지 나오려는 찰나, 삼켜야만 했다. 아들의 두 눈은 이미 눈물을 머금고 있었다. 주위를 둘러봤다. 우측 전방에 겨우 텐트 한 동이 들어갈 만한 좁은 터가 보였다. 얼른 달려가서 발로 흰 눈을 걷어보았다. 땅이 푹 꺼진 곳은 없는지, 혹시 눈 아래가 위험한 지역은 아닌지 밟아 보기도 하고, 스틱으로 쿡쿡 찔러보기도 했다. 땅이 고르진 않았지만, 그럭저럭 하룻밤을 보내기엔 나쁘지 않았다.

"아들, 오늘 우리 박지는 여기로 하자. 아빠가 얼른 텐트 쳐볼게! 조금 기다려줄 수 있지?"

'텐트'라는 말에 아들의 얼굴에 화색이 돌았다. 아들은 힘차게 고개를 끄덕이곤, 추위를 이겨내기 위해 제자리에서 천천히 발을 구르며 양손을 맞잡고 주무르기 시작했다.

마음이 급했다. 서둘러 배낭을 내리고 텐트를 꺼냈다. 이너텐트를 바닥에 내려놓고 귀퉁이에 팩을 박아보았다. 땅이 얼어선가, 땅속에 숨겨진 돌이 있는 건가, 좀처럼 팩이 들어가질 않았다. 가까스로 팩을 한 개 박고, 폴대를 조립해서 텐트를 자립시켰다. 얼른 매트를 깔고 아들을 먼저 들여보낸 후에, 나머지 팩과 텐트 플라이를 씌우려는 계획이었다. 그때였다.

"앗, 아빠! 텐트!"

돌풍이 불어왔다. 찰나의 순간이었다. 홀로 텐트를 붙들고 있던 팩이 맹렬한 북서풍에 맥없이 뽑히며 텐트가 날아갔

다. 나와 아들은 반사적으로 텐트가 날아간 방향으로 뛰었다. 다행히 텐트는 반대편 낭떠러지 앞의 나무에 걸려 멈췄다. 아들과 함께 안도의 한숨을 내쉰 후, 다시 마음을 가다듬고 텐트 자리를 잡았다. 출입문 지퍼를 열고 이번엔 배낭부터 넣었다. 네 귀퉁이의 눈을 걷어내고 돌이 없는 땅을 찾아 팩도 박았다. 자충매트에 바람을 넣은 후 아들을 텐트 안으로 들여보냈다. 등산화를 벗겼더니 아들 양말의 발목 부분이 꽁꽁 얼어있었다. 발목으로 들어간 눈이 양말을 적시고 산행을 계속하는 동안 젖은 양말이 얼어붙었던 모양이다. 양말을 벗기는데 '바스락' 하며 단단히 언 양말이 만져졌다. 재빨리 새 양말로 갈아 신기고, 다운 부티를 신겼다. 그러고는 여러 개의 핫팩을 삼킨 침낭 안으로 아들을 밀어넣었다. 전력 질주 달리기 끝에 결승점을 통과한 기분이었다. 해발 600m, 영하 8도의 칼바람 부는 산중에서도 얼굴에 땀이 맺혔다.

"와아! 아빠 저기 일몰 봐!"

미소를 되찾은 아들이 손가락으로 내 어깨 뒤편을 가리켰다. 텐트에 걸터앉아 뒤를 돌아보니, 과연 타들어가는 하늘이 멋스러웠다. 피식 웃음이 나왔다. 이 상황에서도 일몰을 찾는 여섯 살이라니……. 급히 잡은 박지 치곤 상당히 운치 있었다.

가볍게 저녁을 해결한 뒤 카드 게임과 체스 게임을 번갈아 했다. 카드 게임에 이어 체스 게임에서도 승리의 기쁨을 맛본 여섯 살에게 추위와 직면했던 오늘 오후의 사건은 이제 지나간 과거인 듯했다.

한바탕 게임을 마친 후, 침낭에 몸을 맡긴 채 책을 읽어주었다. 오늘의 책은 〈호랑이 샘이랑 미리 1학년〉, 예비 신입생 아들을 위한 맞춤 선물이었다. 하지만 책을 읽기 시작하기가 무섭게 아들의 눈꺼풀은 무거워지고 말았다.

책을 덮고 침낭의 지퍼를 올려주며 아들의 이마에 쪽 키스를 남기고 나지막이 말했다.

"아빠가 제대로 다 챙겨오지 못해서 미안해. 꾹 참고 걸어줘서 고마워. 사랑해 아들."

토이레와도꼬데스까?

"내년 1월 해외 원정 가실 분? 뉴질랜드, 스웨덴, 일본!"

아홉 살 누나 아빠의 카톡. 함께 배낭을 메고 아이들과의 여정을 즐겼던 몇몇 아빠들이 모인 단체 채팅방이었다.

아직은 기내에서 마스크를 착용해야 하고, 백신 접종 증명서와 함께 까다로운 검역을 거쳐야 하지만, 하늘길이 열렸다. 환율도 나쁘지 않았고, 넉 달 후인 1월은 시간적으로도 여유가 될 것 같았다. 아내는 '그래, 잘 준비해서 다녀와~'라며 흔쾌히 동의했다. 하지만 내 마음은 갈팡질팡했다.

'아직 안 가본 국내의 좋은 곳도 많은데 굳이 해외로 나갈 필요가 있을까?'라는 생각과 '미취학 아동에서 초등학생으로 진급하는 일곱 살 인생에서 제일 큰 변환점이 되는 이때, 낯선 해외로의 발걸음이 아들에게 유의미한 추억이 되지 않을까?' 하는 마음이 충돌했다.

아이와 관련된 일은 가급적 아이 본인의 의사를 반영해서 정하려고 한다. 이번에도 마찬가지다. 아들과의 대화를 통해 결정하기로 했다.

"아들, 이제 곧 어린이집을 졸업하고 초등학교에 가잖아. 그래서 다가오는 겨울에는 좀 더 먼 곳으로 멋진 여정을 고민 중이거든. 아들도 아빠의 고민에 동참해줄래?"

해외 원정을 전달해봤다. 오세아니아와 북유럽도 고려해 봤지만 우선은 근거리인 일본으로 가닥이 잡혔다는 배경 설명과 더불어, 흰 눈이 뒤덮인 일본의 높은 산을 오르는 과정과 그 풍광을 묘사했다. 아들이 말했다.

"우아, 그럼 우리 비행기 타는 거야? 난 좋아, 아빠. 다른 나라의 높은 산에 올라가 보고 싶어!"

긴 감염병의 터널을 지나온 탓에 비행기라곤 3년 전 제주행이 마지막이었다. 여섯 살 아들의 기억엔 없는, 사진으로만 남은 추억이다.

"좋아, 더 멀리 더 높이 가보자! 아들!"

가을의 문턱에서 막연하게 시작된 해외 원정 계획은 잔잔한 기대 속에 점차 현실로 다가왔다. 이번 여정의 목표는 해외에서 도전하는 산행을 겸한 백패킹이다. 산행 코스도 중요하지만 안전하게 머무를 곳 역시 중요했다. 먼저 야영이 가능한 곳을 찾았다. 일본에는 산장 문화가 잘 정착되어 있다. 우리나라 국립공원의 대피소와도 비슷한데, 차이점이라면 하룻밤 묵어 갈 공간과 간이매점의 운영뿐 아니라 제법 다양한 식사 메뉴와 주류, 스낵을 팔기도 하고 숙박시설과 더불어 야영장을 운영하기도 한다. 하지만 안타깝게도 대부분의 일본 산장은 겨울 동안 휴장에 들어간다. 한겨울 눈보라가 몰아치는 산속에서는 등산객의 안전을 보장할 수 없기에, 이르면 11월부터 겨울이 끝날 때까지 입산을 통제하고 산장은 재정비를 위한 휴식기를 갖는다.

일본 원정 백패킹이라는 원대한 포부는 결국 희망 사항으로 매듭지어지는가 싶던 찰나, 북알프스에서 유일하게 연중무휴 영업을 하는 산장 정보를 찾았다. 일본 최고의 산악 지대로 일컬어지는 북알프스. 그중에서도 니시호타카다케西穗高岳 루트의 해발 2,385m에 위치한 '니시호 산장'이 그곳이다. 전문 산악인도 단단히 대비하고 올라야 하는 고난도의 산을 일곱 살 아이와 동계에 오른다는 건 무리다. 하지만 니시호 산장으로 오르는 루트는 로프웨이로 시작할 수 있다.

'신호타카 로프웨이'

해발 2,156m까지 어렵지 않게 올라설 수 있는 치트키다. 물론 해발 2,000m가 넘는 고지대 등산은 지금까지의 등산과는 차원이 다를 것이다. 경험해보지 못한 높이의 산행은 체력적으로 무리가 될 수도 있고 산소가 부족해 고산병을 앓을 수도 있다. 순탄하게 산장까지 도착한다 하더라도 위험이 도사리는 해발 2,909m의 니시호타카다케 정상 등정은 아직 우리 역량으로는 불가능한 일이었기에, 보다 현실적인 목표가 필요했다. 기상에 따라 유연한 대처를 할 수 있도록 목표를 3단계로 구분 지었다.

1차 목표: 해발 2,385m, 니시호 산장西穂山荘

2차 목표: 해발 2,452m, 니시호 마루야마西穂丸山

3차 목표: 해발 2,701m, 니시호 독표西穂独標

계획이 구체화되었을 무렵, 때마침 아들이 물었다.

"아빠, 우리 원정 산행은 이제 다 정해졌어? 어디로 가는 거야?"

"응, 북알프스로 가기로 했어!"

"알프스? 우리 다녀왔던 영축산이랑 천황산? 비행기 타고 가는 거라며!"

"하하하. 아들이 얘기한 건 경상도에 있는 영남알프스고. 우리가 갈 곳은 일본에 있는 북알프스. 마치 유럽의 알프스산맥처럼 풍광이 아름답다고 해서 붙여진 별명이야."

지도와 사진 자료를 아들에게 보여주며 우리 목적지는 한국에선 경험할 수 없는 해발 2,000m가 넘는 높은 산이고, 로프웨이라 부르는 케이블카를 타고 올라가서 산행이 시작된다고 설명해주었다. 높은 해발고도에 눈을 동그랗게 뜨고 놀랐던 아들은 로프웨이라는 말을 듣고 비로소 안도했다. 쉽지 않은 여정이기에 무사히 다녀오기 위해서 출발일까지 틈틈이 준비에 전념해야 한다는 말도 덧붙였다.

산행을 하다 힘들어 쉬고 싶단 생각이 들 때, 그 힘듦을 이겨내고 한 걸음 더 내딛을 수 있는 체력과 지구력이 필요했다. 언어와 문화도 알려주고 싶었다. 그저 우리가 찾는 국가의 말 한마디 정도는 자신 있게 구사할 수 있었으면 했고, '우리나라는 이런데 다른 나라는 저렇더라'는 소소하지만 확실한 배움을 주고 싶었다. 목표를 이루기 위해 한 걸음씩 다가가는 방법을 고민하고 실천하며 비로소 성취에 이르는 짜릿한 보람을 깨달았으면 했다. 물론, 아이의 눈높이에서 말이다.

해외 원정이라고 해서 새로운 것을 더할 필요는 없었다. 그저, 해왔던 것들을 조금 더 규칙적으로 반복해보자고 아들에게 말했다. 주말 아침이면 함께 스포츠센터에서 기구 운동을 하고, 주중에는 1층부터 25

층까지 계단을 오르내렸다. 소소한 배움을 위해 일본어 기초 회화책에서 관심 있는 문장을 골라 매일 한 번씩 소리 내어 읽었고, 차를 타고 이동할 때는 현지 문화를 곁들여 일본어를 이해하기 쉽게 설명해주는 음원을 듣기도 했다.

첫눈이 내리는 날이었다. 숙제를 마치고 작은 수첩에 무언가를 열심히 적는 아들 뒤로 살포시 다가갔다. 삐뚤빼뚤한 글씨로 일본어 회화책을 옮겨 적고 있었다. 아들은 인기척을 느꼈는지, 뒤를 돌아보고는 말했다.

"아빠, 나 제일 중요한 말을 외웠어! 이제 일본 가도 괜찮을 것 같아!"

"오! 우리 아들, 열심히네. 그래, 뭘 공부한 거야?"

"토이레와도꼬데스까?"

허리를 숙여 아들의 책을 같이 봤다.

[토이레와도꼬데스까? トイレはどこですか？ : 화장실은 어디에 있나요?]

말이 통하지 않는 낯선 곳으로의 여정을 걱정하던 아들이 생각한 '제일 중요한 문장'은 바로 '화장실은 어디에 있나요?'였다. 일본어를 할 줄 모르는 나는 그저 나이브하게 영어로 묻거나 화장실 표시를 찾으면 될 거라 생각했는데, 아들은 자신이 묻고 찾을 생각을 한 거다. 기특했다. 의자를 끌어와 아들 옆에 앉았다.

"우리 하나씩 같이 읽어보자, 아들! 아빠 한 번 읽고 아들 한 번 읽고, 어때?"

"오예, 아빠도 같이한다! 좋아! 그럼, 아빠부터 시작해!"

"오하이오 고자이마스."

"오하요 고자이마쓰."

"고혼니찌와."

"곤니찌와."

실전보다 더 리얼한 혹한기 훈련

D-10. 원정 출국일까지는 열흘이 남았다. 2022년 끝과 2023년의 시작을 겨울산과 함께했다. 하지만 그 정도로는 만족스럽지 않았다. 아직 몸이 덜 풀린 기분이랄까. 실전을 대비해 좀 더 확실한 훈련이 필요했다. 이번 북알프스 여정을 함께하는 부녀에게 물었다. 민주지산, 석기봉, 삼도봉을 돌아 내려오는 환종주를 도전해보는 건 어떻겠냐고.

"어디든 좋습니다! 가시죠."

시원스러운 대답과 함께 각자의 집을 출발한 지 몇 시간 뒤 우리는 충청북도 영동군 상촌면 물한리의 한 주차장에서 만났다.

"이야, 오늘 훈련 제대로겠는데요?"

"그러게요. 주차장부터 빙판길이 시작되네요. 아이젠을

채우고 가야할까요?"

"일단 조금 걷다가 상황 봐서 채우시죠!"

"네, 좋습니다."

신고 있던 면양말을 벗고 뽀송한 울양말과 등산화로 갈아 신었다. 나는 북알프스 원정을 대비해 구매한 크램폰을, 아들은 새로 장만한 겨울용 방한 등산화를 테스트하는 날이었다.

"얘들아, 오늘은 정말 만만치 않을 거야! 해발 2,000m 북알프스를 향한 훈련! 자신 있어?"

"네~~~!"

즐비하게 꽂혀 있는 폐스키로 만든 울타리를 지나 황룡사 출렁다리를 건넜다.

오르막을 한참 오르니 제법 깊은 눈길이 나왔다. 한쪽은 등산객들이 발로 다져놓은 좁은 길이었고, 바로 옆은 아직 발길이 닿지 않아 무릎 근처까지 발이 푹푹 빠지는 길이었다.

"북알프스!", "가자!", "북알프스!", "가자!"라고 주거니 받거니 외치며 두 아이는 거침없이 눈 속으로 뛰어들었다.

"삼촌, 배고파요."

"아빠, 혹시 뭐 먹을 것 없어?"

길이 다져진 등산로로 돌아온 아이들은 먹을 것을 찾았다. 아마 깊은 눈길을 걸으며 체력 소모가 심했을 테다. 배낭의 포켓을 뒤져 육포를 꺼냈다. 훌륭한 단백질 공급원인 육포는 산좀 타본 여섯 살과 아홉 살 아이가 쾌재를 부르는 간식이다.

민주지산 정상, 산봉우리와 능선을
감상할 수 있는 탁 트인 조망에 탄성이 절로 나왔다.

현재 시각 오후 3시, 갈 길이 멀었다. 한 줌의 육포와 시원한 물로 충전하고 발걸음을 옮겼다. 민주지산을 오르는 길은 지금까지 갔던 그 어떤 산보다 가파르고 길었다. 700m 이정표를 지나 100m 앞, 그리고 20m 앞…….

"우아 정상이다!"

"아빠, 저기 정상석이 보여!!"

스틱에 의지하며 한 걸음 한 걸음 힘겹게 내딛던 아이들이 갑자기 용수철처럼 튀어나갔다. 나도 아홉 살 누나의 아빠도 숨을 몰아쉬며 아이들의 뒤를 바짝 쫓아 올랐다.

쨍하디 쨍한 파란 하늘 아래 민주지산의 웅장한 정상석을 기준으로 사방 360도 조망이 시원했다. 주변의 연봉을 두루 굽어볼 수 있다고 하여 이름 붙여진 산이라더니, 과연 명불허전이었다. 첩첩이 쌓인 산봉우리와 능선을 감상할 수 있는 탁 트인 조망에 어른도 아이도 절로 탄성이 나왔다. 영하의 날씨도 잊은 채 한동안 정상의 기쁨을 만끽했다.

어느덧 시곗바늘은 오후 4시를 가리켰다. 부지런히 다음 목적지인 석기봉으로 걸음을 옮겼다. 민주지산 정상부터 석기봉까지는 약 3km. 평소라면 한 시간 남짓할 거리인데, 민주지산을 오르며 상당한 체력을 소모한 데다, 정상에서 너무 오랜 시간 체류하며 몸이 굳어 좀처럼 속도가 나질 않았다. 말수가 부쩍 줄어든 아이들은 각자의 페이스에 맞춰 걷기 시작했다. 혹시나 아들에게 힘이 될까 싶어 "우리 끝말잇기 하며 걸을까?" 물었지만, "아냐, 나 지금은 걷는 데 집중해야 할 것 같아."라고 말했다. 걸음을 옮기다 잠시 발걸음을 멈춰 서서 하늘을 바라봤다. 파랗던 하늘이 점차 붉게 물들어갔다. 석기봉까지 남은 거리는 1km 남짓.

"아들, 아무래도 오늘 우리 야간 산행이 될 것 같아."

"그럼, 헤드랜턴 미리 꺼내놓자, 아빠!"

잠시 멈춰 헤드랜턴을 꺼내어 목에 걸었다. 산중의 어둠은 빠르게 찾아오기에 목에 걸어두고 있다가 필요할 때 바로 전원을 켜면 편리하다. 그때 다급한 목소리가 들렸다.

"서진 아빠! 이주가 더 못 갈 것 같아요! 이쯤에서 박지를 찾아야 할 것 같아요!"

평소 늘 여섯 살 동생의 페이스에 맞춰서 천천히 걸어주던 누나였는데 오늘은 컨디션이 좋지 않다. 낯빛이 어두운 누나를 보자 아들도 마음이 급해졌다.

"아빠, 얼른 텐트 쳐야 할 것 같아! 얼른얼른!"

"제가 저 앞까지만 올라가서 적당한 곳이 있나 볼게요. 마땅치 않으면 아까 갈림길 있던 곳까지 돌아가요! 아들도 여기서 조금만 기다리고 있어."

말을 마치고 나는 빠르게 언덕 위로 올랐다.

"여기예요! 여기! 오늘 박지는 여기로 하면 될 것 같아요! 여기까지만 올라오면 돼, 이주야!"

다행히 텐트 두 동이 딱 들어갈 적당한 터가 있었다. 텐트 칠 곳이 있다는 말에 아홉 살 누나도 속도를 높여 올라왔다. 휴대용 온도계가 영하 7도를 가리키는 제법 추운 날씨. 아이들이 체온을 잃으면 큰일이다. 두꺼운 방한 점퍼를 입히고 양손에 핫팩을 쥐여주었다. 텐트에 들어가 침낭을 덮고 온기를 가득 머금은 보온병의 온수를 한 모금 들이킨 아홉 살 누나는 다행히 제 컨디션을 찾았고, 그제야 우리 모두 안도할 수 있었다.

아홉 살 누나는 왜 체력이 급격히 떨어졌던 걸까? 호기심 많은 아이들이 중간중간 호흡을 고르는 동안 눈을 만지며 놀았던 것이 문제였을까? 아빠의 만류에도 아홉 살 누나는 "괜찮아, 손 시리면 얼른 다시 장갑을 낄게."라며 잠깐씩 장갑을 벗은 채 눈을 만졌다. "가만히 있으면 발이 시리니깐, 쉴 때도 발을 굴러주거나 발가락을 움츠렸다 폈다 하며 혈액순환을 시켜줘야 해!"라는 조언에도 "알았어. 그런데 아직은 괜찮아."라며 방심한 채 눈 놀이에 몰두했다. 반면 지난 방장산에서의 경험으로 겨울산의 혹독함을 깨달았던 여섯 살 아들은 장갑을 낀 채 착실히 발을 움직이며 체온 유지에 신경을 썼다.

"오늘 같은 환경에선 어른의 말을 믿고 따르는 게 중요해. 지금의 서진이와 이주만 봐도 잘 알겠지? 누나다운 여유로움도 좋지만, 앞으로 추위 앞에선 조금 더 겸손하게 아빠 말을 듣자. 알겠지, 우리 딸?"

아홉 살 누나는 아빠의 말에 고개를 끄덕였다. 덩달아 옆에 앉은 여섯 살 아들도 생각에 잠겼다. 다가오는 북알프스 원정을 향한 설레임과 긴장감을 다시 한 번 느끼는 밤이었다.

해발 2,385m에서의 하룻밤

"와! 뜬다, 뜬다, 떴다!"

창밖을 바라보던 아들이 나지막이 탄성을 자아냈다.

인천국제공항을 떠나 일본 중부국제공항에 도착한 우리는 기차를 타고 나고야시名古屋市로 향했다. 복잡한 미로 같았던 나고야역을 잠시 헤맨 끝에 버스로 갈아탄 우리는 장장 열다섯 시간의 긴 여정 끝에 다카야마 노히 버스센터에 도착했다. 숙소는 버스센터에서 약 1km 떨어진 조용한 관광호텔. 일본인 특유의 친절함과 상냥함에 기분 좋게 체크인을 마친 후 짐을 놓고 나오니 어느덧 저녁 8시가 넘었다. 문을 연 근처 식당을 찾아 간단히 저녁을 해결하고 내일을 위한 정리를 마치니 자정이 훌쩍 넘었다. 내일 아침 이동해야 할 동선을 머릿속에 그리며 눈을 감았다.

긴장이 된 걸까. 몇 번이나 눈을 떠 시간을 확인했다. 2시, 3시, 그리고 5시. 알람을 맞춰놓은 시간까진 조금 더 남았지만 몸을 일으켰다. 따듯한 물로 샤워하고 옷을 입었다. 그리고 빠진 건 없는지 한 번 더 확인한 후, 아들을 깨웠다.

숙소에서 버스센터까지는 아이들 걸음으로 약 10분 남짓 소요된다. 지난밤 어둠 속을 걸어올 땐 알지 못했는데, 일본어 가득한 거리의 간판, 우리나라와 비슷한 듯 사뭇 다른 건물 양식, 그리고 좌측통행하는 차량들까지, 새삼 우리가 이웃 나라로 넘어왔다는 실감이 났다.

신호타카 로프웨이행 버스에 탑승했다. 도심을 벗어난 버스는 한적한 시골길을 달렸다.

신호타카 로프웨이는 제1 로프웨이와 제2 로프웨이, 총 2단계로 구성되어 있다.

제1 로프웨이는 해발 1,117m의 신호타카온천역에서 해발 1,305m의 나베다이라고원역까지 구간이다. 제1 로프웨이의 상부 승장장에서 녹색 카펫이 깔린 길을 따라 200m 남짓 거리의 이웃 건물로 올라가면 제2 로프웨이의 하부 승장장인 해발 1,308m의 시라카바타이라역이다. 여기까진 우리나라에서 타던 케이블카와 크게 다를 바가 없었기에 별다른 감흥이 없었다. 하지만 제2 로프웨이의 상부 승강장인 해발 2,156m 니시호다카구치역은 사뭇 달랐다. 아이도 아빠도 처음으로 발

을 디딘 해발 2000m대의 고지대. 청쾌한 공기도 좋았지만, 눈앞에 펼쳐진 한 폭의 병풍 같은 산맥들이 자아낸 풍광은 여기까지 오는 먼 여정에서 쌓인 피로를 단번에 날려주는 듯했다.

크램폰을 신고 스트랩을 단단히 조였다. 그리고 등산 스틱을 꺼내 들었다. 심설 산행 시에는 등산 스틱의 바스켓 하단 파트가 눈에 묻히기 때문에, 평소보다 약 5cm 정도 여유를 두고 스틱을 늘였다. 이제 모든 준비가 끝났다.

부자와 부녀로 구성된 '북알프스 원정대' 4인방은 이 순간을 오래 기다려왔다. 첫발을 내딛는 감동을 음미했다. 온 세상이 눈으로 하얗게 뒤덮인 고원의 원시림 속으로 걸음을 옮기는 순간이 꿈만 같았다. 숨을 크게 들이마셔 보았다. 향긋한 설국의 숲 내음이 온몸을 감싸며 코끝을 간질였다. 신선한 산소를 마시며 눈 속을 걷는 즐거움으로 등에 멘 배낭의 무게조차 느껴지지 않았다. 영하 15도 이하의 혹한을 염두에 두고 온 덕에 영하 3도 남짓한 기온은 상대적으로 굉장히 포근하게 느껴졌다.

산행 초반의 내리막과 평지를 지나 오르막이 시작되며 조금씩 숨이 차오르기 시작했다. 이제 니시호다카구치역으로부터 제법 멀어졌다. 지나쳐 가는 이도, 마주 오는 이도 없었다. '이 깊은 산중에 우리 일행이 전부일까?'라는 생각이 들자 묘한 긴장감이 들었다.

"아빠, 조금 쉬었다 가면 안 돼?"

여섯 살은 오늘 산행이 조금 힘든가 보다. 평소 신던 체인 형태의 아이젠보다 곱절은 무거운 심설 크램폰 탓인지, 발이 푹푹 빠지는 등산로 탓인지, 오늘따라 유난히 지쳐 보였다. 걷다 오르다 쉬다 다시 걷기를 몇 차례 반복했다.

그에 반해 아들의 뒤를 따라오던 아홉 살 누나는 지난 민주지산 종주 때와는 달리 여유가 넘쳤다. 누나 일행을 먼저 보내고 우린 한 템포 쉬어가며 오르기로 했다.

"많이 힘들어? 춥지는 않고?"

"누나가 뒤에서 오는데, 왠지 내가 더 빨리 가야 할 것 같아서 힘들었던 것 같아, 아빠."

"아, 그랬구나. 아빠가 진작 눈치를 챘어야 했는데, 미안해 아들. 오늘은 천천히 가자. 시간은 많으니깐!"

자신의 페이스보다 조금 더 빠르게 움직이려다 보니 힘들었던 모양이다. 한국에서 챙겨온 곶감도 먹고 육포도 먹으며 한 걸음 또 한 걸음 움직이다 보니 아들의 얼굴엔 다시 화색이 돌기 시작했다.

"박~서~진~, 어~디~야? 우~리~기~다~리~고~있~어~!"

앞서간 아홉 살 누나의 외침이 메아리쳐 들려왔다.

"가.고.있.어~! 우리 기다리지 말고 먼저 가~ 누나~!"

입에 두 손을 모아 산속을 향해 큰 소리로 화답한 아들은 걸음을 재촉했다. 얼마 뒤, 깊게 쌓인 눈이 만든 비탈인지, 원래 이렇게 가파른 건지, 가만히 서 있기도 힘든 깊은 경사를 마주했다. 맞은편에서 내려오던 일본 등산객들이 아들을 보곤 옆으로 비켜서 주며 몇 마디 말을 건넸다. 일본어를 알아들을 수 없었지만, 아마도 '조금만 더 가면 된다.', '힘내라.'는 응원인 듯했다. "감사합니다."라며 지나쳐 가던 순간, 옆으로 비켜주던 한 분의 발이 미끄러지며 엉덩

방아를 찧고는 그대로 미끄럼틀을 타듯 엉덩이로 내려갔다. 자력으로 쉽게 멈출 수 있는 경사가 아니었다. 미끄러진 등산객은 다행히 십여 미터를 내려간 후 깊은 눈 속에 묻히며 속도를 줄인 덕에 몸을 털며 일어났다. 조마조마한 심정으로 아래를 내려다보던 우리 부자는 "휴~." 하고 안도했다. 가파른 경사와 다시 마주한 우리는 얼마 후 긴 언덕 끝에서 만난 조붓한 원시림의 숲길을 따라 이보했다.

드디어 눈앞에 나타나는 진갈색의 목조 건물 니시호 산장. 그 옆으로 새빨간 바스켓을 모자처럼 뒤집어쓴 3m 장신의 눈사람, 니시호군이 우리를 반겨주었다.

"만나서 반가워 니시호군. 보고 싶었어!"

사진으로만 봐왔던 니시호군을 발견한 여섯 살은 한달음에 달려가 눈사람에게 안겼다. 먼저 도착해 몸을 녹이고 있던 아홉 살 누나도 달려 나와 여섯 살을 마중했다. 니시호군 옆으로 산장 입구가 보였다. 상상했던 모습과는 사뭇 다른 니시호 산장, 아담한 규모인 줄 알았는데 생각보다 거대했다. 입구 선반에 배낭과 장비를 내려놓고 실내로 들어갔다. 웅장한 외관과는 달리 소박한 내부 한편에는 스낵과 음료 자판기가, 다른 한편에는 아기자기한 소품이 즐비하게 전시되어 있었다. 깊은 산속임을 감안한다면 식음료와 기념품의 판매 가격은 꽤나 합리적이었다.

산장지기에게 야영하러 왔음을 알리고 자릿값을 지불했

다. 산장의 앞뜰은 캠핑 사이트다. 우리나라의 캠핑장과 같이 구획이 나누어져 있는 건 아니다. 자리를 잡으면 거기가 오늘 우리의 박지다. 두 아빠는 결연한 표정으로 삽을 들고 텐트 설치를 위한 기초 공사에 돌입했다. 바닥의 눈을 퍼내고, 좌우 사방으로 퍼낸 눈을 쌓아 벽을 만들었다. '이쯤이면 되겠지?'라고 생각하던 무렵 산장지기가 다가왔다.

"투나잇 베리베리 스트롱 윈드 앤드 매니매니 스노우. 베리베리 콜드! 프리징!"

"유어 차일드, 덴절러스! 쏘, 유 머스트 디그 딥딥딥!! 유 머스트 메이크 빅 월!!!"

산장지기는 해발 2,000m의 바람은 굉장히 무섭다며, 땅을 깊이 파낸 후 벽을 세워 바람을 피해야 한다고, 그리 유창하지 않은 영어에 몸짓을 더해 수차례 당부했다. 산장까지의 등산보다 삽질이 더 힘들었는지도 모르겠다. 어느덧 이마에 송골송골 땀방울이 맺혔고, 두 동의 텐트를 위한 아늑한 보금자리가 완성되었다.

오후 4시 50분, 일몰이 지났다. 하루를 일찍 시작했던 아이들은 내일을 기약하며 일찌감치 잠자리에 들었다. 밤사이 강한 눈보라를 마주했다. 눈을 퍼내기가 무섭게 다시 쌓이고, 퍼내고 또 쌓이고를 새벽녘까지 반복한 후에야 아빠들도 잠에 들었다. 부디 내일 아침 날씨가 좋길 바라며.

처음 만난 화이트아웃

무사히 하룻밤을 보내고 아침을 맞이했다. 지난밤 불어닥친 눈보라는 소강상태에 머무르고 있었다. 당초 계획은 이른 아침 니시호 마루야마와 니시호 독표를 완주한 뒤 텐트를 접고 산장에서 하룻밤을 더 보내는 것이었다. 하지만 밤사이 기상으로 미루어 보아 독표까지 등정하는 건 무리였다. 각자의 텐트에서 가볍게 아침을 해결한 뒤 서둘러 텐트를 접어 넣었다.

작은 보조 가방에 식수와 초코바를 챙겼고, 박배낭은 산장에 맡겼다.

"얘들아, 아쉽지만 지금 날씨에 '니시호 독표'까지 가는 건 어려울 것 같아. 하지만 조금만 힘을 내면 '니시호 마루야마'는 충분히 가능할 것 같아!"

"오늘의 목표를 달성하면, 산장에서의 1박은 다음 기회에 다시 하는 거로 하고 바로 하산해서 호텔로 돌아가는 거 어때?"

내일 하루는 다카야마 산마치高山三町(전통거리)를 돌아보며 맛있는 유람을 즐기자는 말도 덧붙였다. 사실 산장의 음식과 환경이 아이들에게 썩 맞는 게 아니었기 때문에, '호텔로 가자.'는 한마디는 그 어떤 응원보다 확실한 동기부여가 된 듯했다. 잠잠했던 눈보라가 다시 일기 시작했다. 날이 개기를 기다릴까도 생각했지만, '니시호 마루야마'를 향한 아이들의 투지 또한 만만치 않았기에 호기롭게 출발했다.

니시호 산장으로부터 니시호 마루야마까지는 날씨 좋은 날 성인 걸음 기준 왕복 30~40분 거리라, 그리 어려운 구간은 아니다. 하지만 눈보라가 몰아치는 날은 얘기가 사뭇 다르다. 고글과 바라클라바로 무장했어도 앞을 바라보며 걷기가 여간 힘든 게 아니었다. 어렴풋이 보이는 산장 지붕을 등 뒤로 하고 십여 분을 올랐다.

능선 위로 올라선 순간 굉장한 바람을 마주했다. 마치 바람 세기를 강풍으로 설정한 초대형 선풍기를 마주 보고 선 듯한 바람과 자욱한 눈보라가 사방을 뒤덮었다.

'아아…… 화이트아웃이라는 게 바로 이런 거구나…….'

순식간에 앞뒤 좌우 분간이 되지 않았다. 몇 걸음 앞서가던 일행이 시야에서 사라졌다. '산장으로 돌아가야 하나?' 수차례 고민을 거듭했다.

스틱을 움켜쥔 손끝의 감각이 무뎌졌다. 발가락도 점차 시려왔다. 눈이라기보다 얼음에 가까운 작은 알갱이들이 '투둑 투두둑' 소리를 내며 온몸을 강타했다.

"아-빠! 우-리 얼-마-나 더 가-야 해?"

강한 바람을 뚫기 위해 혼신의 힘을 다해 목청을 높여 외치는 여섯 살 아들.

"거-의 다 왔-어. 조-금-만 더 힘-을 내!"

거의 다 왔다는 건 거짓말이 아니었다. 저 멀리, 마루야마 나무 기둥이 보였다.

'해발 2,452m 니시호 마루야마'

한 번, 그리도 또 한 번 미끄러진 끝에 드디어 마루야마 정상에 도착했다.

"해냈어! 아들! 아들이 해냈어!"

"정상이다! 오예!"

우리나라의 산에서 흔히 볼 수 있는 정상석과는 사뭇 다른 정상 표식. 얼추 아들 키와 비슷한 높이의 나무 기둥에 니시호 마루야마西穂丸山란 네 글자가 새겨져 있었다.

산장부터 마루야마까지는 약 40분이 걸렸다. 눈을 동반한 바람은 누그러질 줄 모르고 점점 거세지는 듯했다. 찰나의 기쁨을 함께 만끽한 뒤, 서둘러 산장으로 돌아갔다.

산장에 돌아와 난로 앞에 앉아 몸을 녹이며 돈코츠 라멘으로 허기진 배를 채운 후에야 여유를 찾았다. 불과 하룻밤의

"해냈어! 아들! 아들이 해냈어!"
인생 최고점, 해발 2,452m 니시호 마루야마.

시간과 경험이었다는 게 좀처럼 믿기지 않았다.

산장지기와 작별하고 로프웨이를 타기 위해 니시호다카구치역으로 향했다. 지난 네 달간 우리 마음을 지배하던 북알프스 대장정이 비로소 막을 내린 것이다.

아들의 손을 잡고 다카야마시로 돌아가는 버스에 몸을 실었다.

"아들, 오늘 아침에 니시호 마루야마로 올라갈 때 몰아치는 눈보라가 무섭지는 않았어?"

"눈보라보다 눈앞에서 아빠가 사라지는 줄 알고 깜짝 놀랐어. 아빠는 안 무서웠어?"

"아빠도 놀랐어. '화이트아웃'이라고 부르는데, 아빠도 그런 현상은 책에서만 읽어봤거든. 처음이었어."

잠시 창밖을 바라보던 여섯 살이 말했다.

"아빠, 우리 다음엔 한라산도 가보고 지리산도 가보자. 나 이제 2,452m 산에 다녀온 백패커잖아! 어디든지 다 올라갈 수 있을 것 같아!"

내심 북알프스 산행이 너무 힘들었다며 '아빠를 원망하진 않을까?' 하는 염려가 있었다. 혹시라도 "나 앞으로 산에 안 갈래!"라며 삐뚤어지면 어떡하나 싶었는데, 2,000m 넘는 곳을 다녀왔으니, 1,900m 높이도 갈 수 있겠다는 용기가 생겼나 보다. 오늘의 경험이 내일의 도전에 용기를 불어넣는 밑거름이 된 거다.

언제 이렇게 컸을까? 아들을 향한 고마움과 대견스러움에 가슴이 뭉클했다. 내 어깨에 살포시 기대어 잠을 청하는 아들을 지그시 내려보며 한 손은 아들의 손을 꼭 잡고, 다른 한 손으로 아들의 머리를 쓰다듬었다.

오늘부터
넌
꼬마 백패커야

저물어가는 태양 빛이 유독 아름답던 어느 가을날, 나는 휴대전화로 영상을 담으며 아들과 문답을 이어가고 있었다.

"지금 여긴 어딘가요?"

"운탄고도예요!"

"오늘부터 2박 3일, 35km 운탄고도 종주, 할 수 있을까요?"

"네!"

"서진이 혹시 오늘이 몇 번째 백패킹인지 알고 있나요?"

"네! 스물일곱 번째 백패킹이에요. 하지만 산은 77번째랍니다!"

"우아! 산을 77번이나 가봤어요?"

"네! 그런데 아빠, 이거 TV 촬영하는 거 같다? 텔레비전에 또 나오면 좋겠어!"

지난 8월, 한 레전드 산악인이 제천 금수산을 오르는 TV 프로그램을 보았다. 산행 중에 비가 쏟아졌고, 촬영 PD가 벌에 쏘이면서 목적한 코스를 다 돌지 못한 채 하산하게 되는, 리얼한 등산 모습을 고스란히 담은 프로그램, KBS 2TV 생생정보의 '허영호와 함께하는 명산 도전기'였다.

"저 할아버진 누구야? 등산을 잘하는 할아버지야?"

"아, 저분은 허영호 대장님이야. 아빠가 어렸을 때 신문과 뉴스에 자주 나오던 유명한 산악인이셔. 히말라야에서 제일 높은 에베레스트를 세 번이나 오르셨단다."

방송이 끝난 후, 아들은 "아빠 나도 허영호 대장님과 함께 TV에 나올 수 있을까?"라고 물었다. 그간의 산행과 백패킹 경험이 빚어낸 자신감 덕분일까? 수줍음이 많던 아들의 성격을 생각하면 TV에 나오고 싶다는 바람은 예상 밖이었다.

아들의 바람에 부응하기 위해 나는 방송 제작진의 연락처를 찾았고, '혹시나 눈에 보이지 않는 이끼로 미끄러울 수 있으니 짙은 색 바위보다는 옅은 색 바위를 밟고 건너는 게 좋다.'는 허영호 대장님의 조언이 특히 기억에 남는다는 여섯 살의 사연을 남겼다. 마침 방송의 날 특집으로 시청자와 함께하는 프로그램을 준비 중이었다는 제작진으로부터 '어린 아들과 함께 산행을 즐기는 부자라는 컨셉이 이번 특집에 부합할 것 같다.'는 회신을 받았고, 두 번의 전화 인터뷰를 거쳐 출연이 확정되었다.

촬영일은 8월의 어느 월요일, 장소는 관악산이다. 청첩장에 아직 잉크도 마르지 않았을 법한 신혼 커플과 함께한다고 했다. 관악산역 입구에서 출발하는 코스와 서울대 코스, 그리고 과천과 안양에서 오르는 코스 등 관악산 정상으로 오르는 다양한 등산로 중 허영호 대장님의 원픽은 관악산 사당 코스였다고 한다. 사당 코스는 지하철 2호선과 4호선이 만나는 사당역에서 출발해, 관악구 남현동을 가로질러 관음사 앞의 등산로로 이어지는 코스다. 주 능선을 따라 오르막과 내리막을 여러 차례 지나는 관악산 여러 등산로 중 가장 긴 코스로 상대적으로 난도가 높은 편이다. '촬영팀에 누를 끼치지 않고 여섯 살이 오를 수 있을까?' 염려도 되었다. 방송 촬영의 특성상 이동 속도가 더디기 때문에 서진이의 등산 경험이면 큰 문제 없을 거라며, 대장님이 잘 이끌어주실 테니 염려 말라는 담당 작가의 말에 용기를 내기로 했다. 촬영 하루 전, 아들과 함께 올라야 하는 코스를 나 혼자 먼저 올라봤다. 사당 능선을 출발해 연주대를 거쳐 관악산 입구 쪽으로 하산했다. 아들의 평소 체력으로 미루어 해볼 만하겠다는 생각이 들었는데, 복병은 따로 있었다.

산행과 백패킹을 시작한 후로 잔병치레가 없던 여섯 살이었다. 잊을 만하면 한 번씩 찾아오던 감기도 발길을 끊은 지 오래였다. 하지만 촬영에 대한 긴장이 컸던 탓일까? 전날 저녁 무렵부터 아들의 컨디션이 좋지 않았다. 콧물과 기침에 배탈까지……. 여의찮으면 제작진에 양해를 구해야겠다는 마음으로 아들의 의향을 물었다. 하지만 허영호 대장님을 만나겠다는 아들의 의지는 굳건했다. 혹시나 하는 마음에 난 갖가지 약을 배낭에 챙겼다.

이튿날 아침, 화창했던 어제와 달리 추적추적 비가 내렸다. 사당역 4번 출구 앞에서의 오프닝을 시작으로 장장 5시간의 산행 끝에 연주대 정상에 도착, 클로징 촬영을 마쳤다. 좋지 않은 컨디션이었음에도 아들은 시종일관 미소를 잃지 않았다. 바위에 기대어 누워 비를 받아먹기도 하고 여기저기 숨은 카메라를 발견할 때면 가까이 다가가 신기하다는 듯 싱긋 웃으며 렌즈를 바라보기도 했다. 귀를 쫑긋하고 진지한 표정으로 허영호 대장님의 히말라야 이야기를 듣기도 했다.

9월 2일 금요일, 드디어 방송일이다. 가까운 이웃사촌 가족과 함께 TV 앞에 둘러앉아 설레는 마음으로 방송을 기다렸다. 아들은 자신의 모습이 쑥스러웠는지 손바닥으로 얼굴을 반쯤 가렸지만 방송이 계속되는 15분 동안 두 눈은 화면을 떠나지 못했다. 즐겨보던 TV 프로그램에 나온 자기 모습이 좋았는지, 방송이 끝난 후에도 VOD 서비스를 통해 수 없이 보고 또 다시 봤다.

그 후 할아버지, 할머니, 고모, 이모 등 가족은 물론 선생님과 친구들까지, 한동안 만나는 모두의 첫인사는 "서진아 방

송 잘 봤어!"였다.

방송 이후로 부쩍 산에서 찍는 사진과 영상에 관대해진 여섯 살. 때론 '아빠 영상으로 찍어줘!'라며 먼저 촬영을 요청하기도 했다. 문득 방송에 함께 출연했던 신혼부부가 떠올랐다. 천재민 님과 정지원 님 부부. 이들은 SNS에서 잘 알려진 인플루언서 커플이었다. 인기 유튜버이기도 한 지원 님은 여섯 살 '어린이 백패커'라는 콘텐츠가 상당히 신선하다며, 유튜브 계획은 없냐고 묻기도 했다. '유튜브라…….' 사실 나는 회의적이었다. 편집해서 온라인에 업로드하는 과정의 번거로움은 차치하고라도 아이와 함께하는 산행만으로도 신경 쓸 것이 많고 벅찬데, 그 와중에 촬영까지…… '무리수이지 않을까?' 생각도 들었고, 촬영에 신경을 쓰다가 '아이와 함께 걷는 시간에 온전

한 주의를 기울이지 못하면 어쩌지?' 하는 우려도 있었다. 하지만 아들 스스로가 촬영을 즐기고, 자신이 나온 영상을 기대한다는 사실이 내 생각을 바꿔 놓았다. 난 훗날 아들과 함께 추억하기 위해 글과 사진으로 온라인에 기록을 남기던 아빠다. 조금 더 구체적으로 오늘을 기억할 수 있는 영상으로 아이에게 즐거움을 줄 수 있다면 못할 것도 없었다. 계정을 만들고 촬영했던 동영상들을 엮어 업로드했다. 편집을 목적으로 촬영한 영상물이 아니었기에 여러모로 부족했지만, 훗날 아이와 함께 오늘을 돌아보기엔 충분했다. 아직 할 일이 남았다. 어린 아이의 여정을 대표할 만한 머리말이나 아들을 지칭할 수 있는 닉네임이 필요했다. '여섯 살 트레커?', '부자 백패킹?' 고민을 거듭했지만 마땅한 답이 떠오르지 않았다. 아들에게 물었다.

"서진아, 앞으로 우리의 산행이나 백패킹을 유튜브에도 남겨보려는데, 누가 봐도 '아, 이건 서진이 채널이구나'라고 할 만한 좋은 제목이 있을까?"

"음…… 아빠! 산에서 만나는 어른들이 나한테 꼬마라고 부르니깐, '꼬마 백패커'라고 하면 어때?"

꼬마 백패커.

같은 반 친구들 스무 명 중 두 번째로 키가 크다는 아들이지만 지금까지 오르내렸던 산에선 늘 제일 작은 아이였다. 산을 오르며 마주치는 어른들이 어린 아들을 보며 꼬마라 부르곤 했고, 그래서인지 언젠가부터 아들 스스로도 꼬마란 호칭이 익숙해졌나 보다.

"오, 그거 좋은데! 그래, 그걸로 하자! 오늘부터 넌 꼬마 백패커야!"

"우아, 그럼 나도 이제 유튜브 생긴 거야, 아빠?"

"그럼! 너도 이제 어엿한 유튜버라고! 비록 아직은 구독자가 10명 남짓한 쪼렙이지만, 언젠가 만렙의 유튜버가 되는 그날까지 부지런히 기록을 남겨보자, 아들!"

"아빠! 근데 쪼렙은 뭐고 만렙은 뭐야?"

아이와 대화할 땐 올바른 어휘를 선택해야 한다는 사실을 종종 망각하는 나 자신을 힐난하며 부지런히 알맞은 표현을 찾아보았다.

섬 할아버지의 용돈

3월부로 아들은 초등학생이 되었다. 가지런히 깎아 넣은 연필과 지우개, 공책, 티슈, 칫솔과 치약, 양치컵 등 평소 챙겨 나가는 박배낭의 작은 주머니 하나도 채 되지 않을 양의 준비물을 챙기며 어찌나 여러 번 확인하고 또 확인했는지……. 신입생 예비소집 날 학교 투어를 진행해주시던 선생님께서 말씀하셨다.

"3월이면 수많은 어머님과 아버님이 휴대전화를 들고 사진과 영상을 찍으며 손을 흔드는 모습을, 마치 월드컵 16강에 진출한 태극전사들의 귀국길 입국장을 방불케 하는 교문 앞의 진풍경을 몸소 체험하시게 될 거예요."

당시엔 무슨 말인지 이해하지 못하고 웃어넘겼다. 그리고

3월 3일, 난 그 누구보다 열렬하게 손을 흔들며 교문 앞에서 아이를 배웅하고 마중했다.

어느덧 3월의 마지막 주가 되었고, 제법 초등학생티가 나는 아들이 얘기했다.

"아빠, 근데 우리 백패킹 안 간 지 좀 된 거 같다. 왜 이렇게 못 가고 있지?"

"그러게, 좀 된 것 같다. 그치? 가자! 이번 주말에 갈까? 어디로 갈까?"

"우리 꽃 보러 가면 안 돼?""

"응? 꽃?"

"응. 벚꽃도 보고, 알록달록 꽃도 보고 싶어. 백패킹을 할 수 있는 꽃밭이 있을까?"

초등학생으로 진급하더니, 감수성이 발달하는 걸까? 아들 입에서 꽃을 찾는 날이 올 줄은 몰랐다. 봄꽃을 찾는 아들이라……. 왠지 흐뭇했다. 아들이 만족할 만한 화원을 찾아야 했다! 지난해 이맘때쯤의 SNS와 온라인 커뮤니티를 뒤지기 시작했다. 아름다운 봄꽃이 만발한 4월의 박지. 진달래로 유명한 창원 천주산, 철쭉으로 유명한 합천 황매산과 보성 일림산, 벚꽃이 만발한 사천의 신수도까지, 거리와 시간, 코스 등 다양한 정보를 찾아보았다. 그러던 중 네이버의 백패킹 카페에서 초록색 돼지저금통 사진을 발견했다.

'일부 몰지각한 캠퍼들로 인해 몸살을 앓았던 아름다운

꽃섬이 최근 다시 백패커들에게 문을 열었습니다. 섬 주민들이 공원을 재정비하고 화장실을 개방했어요. 그리고 여수시에서 사랑의 돼지저금통 모금함 100여 마리를 분양받았습니다. 하화도를 찾아 LNT를 실천하는 개념 있는 백패커의 모습도 보여주시고, 또 지역사회의 어려운 이웃을 위한 모금에 함께 동참해보는 건 어떨까요?'

꽃섬 하화도. 여수에서 남쪽으로 20km 떨어진 두 개의 섬, 여수시 화정면에 속한 하화도는 1km의 거리를 두고 마주 보는 상화도와 함께 아름다운 꽃섬으로 정평이 나 있다. 4월 1일 토요일 이른 네 시, 채 다 뜨지 못한 눈을 비비며 부지런히 출발했다. 세 시간을 꼬박 달려 만난 백야선착장. 아침 8시 출발하는 첫 배에 몸을 실었다. 하화도 섬 주민들에게 우리가 백패커의 좋은 모습을 보여주고 오자며 초록 돼지저금통 모금함 이야기를 전했다. "아빠 난 돈이 없는데?"라는 아들에게, 내 지갑을 들어 보이며 "오늘은 아빠가 쏠게!" 하곤 찡긋 윙크를 했다.

잠시 후 도착 안내방송이 나오고, 배에 타고 있던 한 무리의 백패커들이 차량 갑판으로 내려왔다. 누군가의 "달려!"라는 고함에 일부 백패커들은 배가 도착함과 동시에 빠른 속도로 질주했다. 하화도에는 지정된 야영장이 있다. 별도의 이용요금을 지불하거나 예약을 요하는 곳은 아니었다. 졸졸졸 물이 흐르는 샘터와 깨끗하게 정비된 화장실이 있는 '애림린 야생화공원'에서의 야영을 섬 주민들이 허락해준 거다.

"아빠, 우리 자리가 없으면 어떻게 하지?"

벌써 서른네 번의 백패킹을 다녀온 베테랑 꼬마 백패커는 안다. 앞서 한 무리의 백패커들이 달려간 이유가 뷰 좋은 자리를 선점하기 위해서란 걸. 물론, 어딘가 작은 텐트 한 동 펼칠 자리가 없진 않을 테지만, 시원한 나무 그늘 아래에서 푸르른 바다를 조망하는 하룻밤 보금자리를 꿈꾸는 건 아이나 어른이나 마찬가지일 거다.

선착장 앞에서 우리를 맞이하는 길게 늘어선 녹색 돼지저금통 모금함. 오늘의 집을 먼저 짓고 돼지저금통에 밥을 주러 다시 오기로 한 후, 해안길을 따라 발걸음을 옮겼다. 지난 수개월 동안 꽤나 험난한 여정을 이어온 초1 아들. 오늘은 어색하리만치 여유로운 섬 여행이다. 부담 없는 거리였기에 등산스틱은 놓고 왔다. 대신 오랜만에 아빠 손을 잡고 걷는다. 손가락 세 개만 내어주면 아들 손을 잡기에 충분했던 때가 엊그제 같은데, 이제 제법 서로의 손바닥이 맞닿는다.

북적이는 애림린 야생화공원이 시야에 들어왔다. 벚꽃이 만발한 야생화공원에는 형형색색의 텐트가 즐비했다. 오늘 우리가 하룻밤 머무를 자리를 찾아 두리번거리던 때였다.

"어머, 트래버스 님 아니세요? 안녕! 네가 서진이구나?"

온라인 세상에서 아들의 여정을 응원해주던 랜선 이모 일행이었다. 실제로 만나는 건 처음인데, 우리를 먼저 알아보고 인사해줬다. 랜선 이모는 잠시 주위를 두리번거리곤, 나지막이 덧붙였다.

“저희 이제 철수할 거예요. 여기 자리 잡으세요. 여기가 최고 명당이에요.”

그렇게 우리는 애림린 야생화공원의 제일 앞 열, 연분홍 벚꽃이 만개한 나무 아래의 오성급 박지에 둥지를 틀었다.

바닷가를 나뒹구는 돌멩이와 솔방울, 나뭇가지를 주워온 아들은 부시크래프트 놀이에 빠졌다. 아마도 얼마 전 다녀왔던 석장리 박물관에서 보았던 게 아닐까 싶은 작은 움막을 짓고 돌길을 만들었다. 그러는 사이 다음 배를 타고 들어오신 백패커들이 자리를 잡으며 새로운 이웃들이 생겼다. 이웃들에게 “안녕하세요~” 인사를 남긴 아들과 하화도를 한 바퀴 돌아보기 위해 등산화 끈을 조였다.

야생화가 어우러진 아름다운 자연이 선사하는 풍경을 즐길 수 있는 하화도의 꽃섬길은 총 5.7km로 해안선을 따라 섬을 한 바퀴 도는 둘레길이다. 애림린 야생화공원을 출발해서 막산 전망대, 꽃섬다리, 깻넘전망대, 큰산전망대, 순넘밭넘구절초공원 그리고 낭끝전망대를 돌아 선착장까지 연결되는 꽃섬길은 약 3시간 코스로, 난이도가 높지 않아 나이가 지긋한 어르신부터 어린이까지 누구나 부담 없이 거닐 수 있는 트레킹 코스다. 화창한 날씨, 꿈꿔왔던 박지, 콧노래가 절로 나오는 가벼운 트레킹까지, 유난히 완벽한 오늘의 여정에 기분이 좋은지 초1 아들은 연신 싱글벙글이다.

아들이 꽃 앞에 멈춰서 물었다. “아빠, 이 꽃 이름 뭐야?” 다행히 아는 꽃이다. 동백꽃이라고 알려줬다. 잠시 후 길 가장자리에 핀 꽃을 가리키며 또 묻는다. “이 꽃은 뭐야? 해바라기인가?” 마치 해바라기와 같은 샛노란 꽃. 이번엔 나도 모르는 꽃이다. 휴대전화를 들고 스마트렌즈를 실행시켰다.

“가자니아 리겐스라는 꽃이래. 국화과의 식물인데, 태양국이라고도 부르나 봐. 아들 덕분에 아빠도 오늘 새로운 꽃 이름을 하나 배웠네? 하하.”

순념발념구절초공원을 지나 노란 유채꽃이 만발한 탁 트인 길로 접어들었다. 원래 유채꽃 향이 이토록 향긋했던가? 유채꽃내음에 취해 잠시 머무르며 꽃과 하나된 아들을 사진에 담고 아내에게 보내줄 셀피도 함께 남겼다. 그때 팔순은 족히 넘으셨을 것 같은 할머니 일행이 나에게 사진을 부탁하셨다. 마치 수학여행을 온 학생들마냥 해맑은 표정의 어르신들을 보니 내가 괜히 흐뭇했다. 사진을 찍어드리고 돌아서는데, 할머니 한 분께서 아들을 불러 세웠다.

“할미가 현금이 이것밖에 없네. 아가야, 이거로 요구르트라도 사 마시렴!”

꼬깃꼬깃한 천 원짜리 지폐 두 장. 정중하게 돌려드려야겠다고 생각하며 다가서는데, “감사합니다 할머니!”라며 꾸벅 인사를 해버린 아들. 내 생각을 읽으셨는지, 할머니께선 ‘얼마 전 집에 다녀간 손주 생각이 나서 준 거니 괘념치 말라.’는 한마디를 남기고 뒤돌아 길을 떠나셨다.

"아빠! 나 용돈 받았다!"

2천 원이면 아들의 2주치 용돈이다. 초등학교에 입학하며 용돈을 주기 시작했다. 주급 1천 원. 주말이면 용돈을 받고 용돈기입장을 작성했다. 그렇게 모인 돈이 이제 겨우 5천 원 남짓한데, 오늘 2천 원이란 공돈이 생긴 거다. 오가며 만나는 어른들에게 "안녕하세요." 인사를 하며 신나는 발걸음으로 낭끝전망대를 돌아본 후 선착장으로 내려갔다.

우리는 아침에 만난 랜선 이모가 추천한 서대회무침과 부추전을 파는 식당에 앉았다. 아들은 시원한 이온 음료를, 나는 지역 특산물 막걸리를 한 잔 따라 목을 축였다.

"아버지, 아까 그 꼬마 저기 있네요!"

"안녕, 꼬마야. 넌 어디서 왔니? 몇 살이야? 아빠와 단둘이 온 거니?"

이웃 테이블에 자리를 잡은 예닐곱 명의 가족들. 나이가 지긋한 어르신을 모시고 온 중년의 부부들이었다. 지나가는 어른께 인사를 하는 게 기특했다며, 지그시 아들을 바라보며 이런저런 질문을 하시던 할아버지께서 갑자기 작게 접은 지폐 한 장을 아들 손바닥에 올리곤 주먹을 쥐여주셨다. 아들이 손을 펴니 사각형으로 세 번 접힌 만 원권 지폐가 눈에 들어왔다.

"한글을 만드신 세종대왕 알지? 이 할애비가 지금 주는 건 돈이 아니라 세종대왕처럼 훌륭한 사람이 되라는 마음이란다."

어르신께서 눈을 찡긋하며 말씀하셨다. 마음은 감사하지만, 아이에겐 부담스러운 금액인 것 같다고 말씀을 드렸더니, 어르신의 여동생과 자녀로 짐작되는 분들이 한마디씩 보탰다.

"곧 증손주가 태어나거든요. 증손주 보실 날이 다가와서 좋은 마음으로 주시는 거니 받으셔도 될 것 같아요."

"실은 아까 꼬마가 인사를 하고 지나갈 때 우리 오빠가 잠시 한눈을 팔다가 인사를 못 받았대요. 그전부터 먼발치에서 바라보며 어린아이가 기특하다 했거든요. 미안한 마음에 인사값을 쳐주고 싶은 할아버지 마음이니깐, 세배한 셈 치고 아이 용돈하세요."

더 거절하는 것도 실례가 되겠다는 생각이 들어 감사 인사를 전하며 받았다.

"이야. 아들 오늘 용돈을 1만 2천 원이나 받았네? 축하해!"

"응. 그럼 이건 다 내 돈 맞지? 섬 할아버지가 주신 용돈, 내가 써도 되는 거지?"

"그럼! 혹시 뭐 사고 싶은 게 있어?"

"사고 싶은 건 아니고, 돼지한테 밥 주고 싶어!"

"응?"

"아까 우리 배에서 내린 데서 만난 초록 돼지저금통 있잖아. 거기에 넣으면 안 돼?"

생각지도 못한 아들의 말에 빙그레 미소가 지어졌다.

연분홍 벚꽃이 만개한
애림린 야생화공원.

돼지저금통에 먹이 주기를 마친 아들의 따듯한 손을 잡고 물었다.

"음, 우리 이제 뭐 할까? 보드게임 할까 아들?"

"좋아! 슬리핑퀸즈 한 게임 더 하자, 아빠!"

한층 더 가벼운 발걸음으로 함께 콧노래를 흥얼거리며 애림린 야생화공원으로 걸어갔다.

아빠,
국립공원은
몇 개가 있는 거야?

지난주는 만 일곱 살이 된 아들의 생일이었다. 친구들과 생일파티를 했다. 언니 둘과 동생이 한 명 있는 친구, 동생이 둘인 친구, 동생이 한 명 있는 친구와 외동인 친구까지, 서로 다른 환경의 다섯 아이들은 수차례 놀다 싸우고 울다 토라지고 그러다 또다시 웃으며 긴 하루를 불태웠다.

갓 초등학생이 된 어린아이의 생일파티는 곧 부모의 모임이기도 했다. 다섯 부모는 저마다 아이의 초등학교 적응기를 털어놓았다. 꼬리에 꼬리를 무는 대화 도중, 한 아이 부모가 물었다.

"그런데 서진인 어쩜 그렇게 산을 잘 다닐까요? 힘들다거나 가기 싫다고 하지 않아요?"

"출발 전엔 기대에 부풀어 즐겁다가도 가파른 경사를 만나면 소위, 현타가 오죠. 사실 저도 힘든걸요. 하지만 흘린 땀방울에 대한 보상이랄까요? 시야가 탁 트인 정상에 올라서면 다 잊습니다. 보람을 느껴요."

"또래 아이를 키우지만 대단해요. 이렇듯 아빠를 잘 따라다니는 걸 보면요!"

"아……. 오해예요. 물론 제가 부추길 때도 있지만, 서진이가 먼저 콕 집어 다음번엔 이 산을 가자고 할 때도 있는걸요? 제가 끌려다니는 걸지도 몰라요. 하하."

얼마 전 충청북도 충주의 계명산으로 서른여섯 번째 백패킹을 다녀오던 길이었다. 꽤 많은 양의 비를 뚫고 힘겹게 올랐던 전날과는 달리 이튿날 하산길은 제법 여유로웠다. 아들이 질문을 던졌다.

"아빠, 국립공원과 군립공원은 뭐가 다른 거야?"

"국립공원과 군립공원?"

과연 이게 초1 꼬마의 질문인가 싶은 마음으로 아들에게 되물었다.

"응 아빠. 나 가보고 싶은 산이 있어. 내장산 국립공원이랑 강천산 군립공원에 가보고 싶어!"

그제야 질문의 배경을 알아차릴 수 있었다. 초등학생 진급을 축하하며 아들 방을 꾸며줄 때, 침대 머리맡에 전국 100

대 명산 지도를 걸어주며, 지금까지 다녀온 산을 스티커로 표시했다.

원수산, 전월산, 관악산, 속리산, 수암산, 민주지산, 나각산, 장안산, 운길산, 계족산, 오서산, 일월산, 민둥산, 오봉산, 어깨산, 장군봉, 노자산, 유명산, 영축산, 천황산, 방장산, 백아산, 선자령, 설악산 신선대 등등.

어느덧 꽤 많은 산을 오르내린 일곱 살이었다.

눈이나 비가 내린 날은 파란 스티커, 맑은 날은 빨간 스티커였다.

'다음엔 어느 산에 가지?' 하며 지도를 들여다보던 아들의 눈에 서로 이웃해 있는 '내장산'과 '강천산'이 눈에 띈 것 같았다. 우선 질문에 답을 해야 할 터. 국립공원과 군립공원을 설명하기 위해 '국가'와 '지자체'를 이해시켰다. 아빠의 설명으로 어느 정도 이해되었는지, 일곱 살이 말했다.

"아빠! 그럼 나 국립공원에 가보고 싶어! 다음 주 일요일엔 우리 국립공원으로 산행 가자! 내장산도 가보고 소백산도 가보고, 아빠가 늘 얘기하는 한라산 백록담도 가보고 싶다!"

내장산. 여느 국립공원이 그렇듯, 내장산 국립공원 역시 서로 다른 매력을 지닌 다양한 등산로가 있다. 먼저, 내가 경험했던 내장산의 기억을 좇아보았다. 20대의 어느 가을날, 한 명의 상추객이 되어 DSLR 카메라를 어깨에 두른 채 케이블카에 몸을 싣고 연자봉을 돌아보던 기억이 떠올랐다. 30대의 어느 여름날엔 연인 사이였던 지금의 아내와 함께 백양사 코스로 올라 약사암까지 다녀온 적도 있었다. 아들과는 백학봉, 상왕봉, 사자봉을 돌아오는 백양사 3봉 종주 코스를 다녀오기로 했다.

어린이날을 나흘 앞둔 근로자의 날, 백양사 주차장에 도착한 우리는 연못을 좌측에 끼고 운문암 계곡과 천진암 계곡이 만나는 쌍계루를 향해 걸어갔다. 중간중간 '국립공원'이라는 팻말이 눈에 띄었다. 국립공원은 야영을 할 수 없어서 아쉽지만, 대신 배낭이 가벼워서 좋다는 일곱 살의 발걸음이 경쾌했다.

"그런데, 아빠. 국립공원은 몇 개가 있는 거야? 속리산, 한라산, 내장산이랑 또 무슨 무슨 산이 있어?"

"방금 얘기한 속리산, 한라산, 내장산, 외에도 설악산, 지리산, 소백산, 덕유산, 주왕산 그리고……."

갑작스러운 질문에 말문이 막혔다. 스마트폰을 꺼내들었다. 치악산, 월악산, 월출산, 북한산, 계룡산, 오대산, 가야산, 무등산, 태백산, 팔공산이 있었다. 다도해해상, 한려해상 태안해안, 경주, 변산반도 등을 포함하면 국립공원은 총 23개소다. 아들에게 국립공원의 이름을 하나씩 불러주었다.

"이렇게 총 23개의 국립공원 중 18개가 산이야. 덕분에 아빠도 공부했네. 고마워 아들."

시멘트 길을 따라 오르다 우측으로 목조게이트를 지나며 시작되는 '약사암, 백학봉 가는 길'로 접어들었다. 10여 년 전 500ml 생수 한 병을 들고 아내와 함께 올랐던 그 길. 적잖이 험준한 바위를 타고 올라야 하는데, 변변한 손잡이도 없어 밧줄을 잡고 올랐던 기억이 새록새록 떠올랐다. 앞장서서 주먹만 한 돌과 흙이 뒤섞인 등산로를 오르던 아들이 멈춰서서 나를 돌아보며 말했다.

"…… 아빠…… 1,670계단이라는데……?"

그랬다. 100계단, 200계단, 300계단, 1,500계단, 1,670계단까지, '국립공원 건강 알림'이라는 안내판에 현위치부터 백학봉까지의 등산로를 따라 길게 늘어선 계단에 개수가 표기되어 있었다. 아마도 밧줄을 잡고 오르던 암릉 구간에 계단을 놓은 듯했다. 1,670이란 계단 개수가 선뜻 체감이 되질 않은 일곱 살은 오묘한 표정을 지으며 계단을 오르기 시작했다. 아빠도 아들도 말수가 조금씩 줄어들고 가쁜 숨소리만 들렸다.

철조망으로 둘러싸인 낙석 구간을 지나 두어 차례 짧은 휴식을 더 가진 후에야 우리는 백학봉을 만날 수 있었다. 아들은 반가운 마음을 한껏 표현하며 자신의 키만 한 백학봉 정상석과 함께 포즈를 취했다. 다음 목적지인 상왕봉까지는 백학봉에서 약 2.3km 거리다.

일곱 살은 "아빠 우리 게임하며 걸을까?"라며 한글 퀴즈를 제안했다. 최근 KBS 1TV의 월요일 저녁 프로그램 '우리말 겨루기'에 흠뻑 빠져있는 아들이었다. 주거니 받거니 서로에게 문제를 내며 길을 걷다가 보니 금세 상왕봉에 도착했다. 점심을 먹고 가기로 하고 조망이 탁 트인 한적한 곳에 두 뼘 남짓한 방석을 깔고앉았다. 따사로운 5월의 햇살을 받으며 산들바람에 몸을 맡겼다. 그 어떤 고급 레스토랑 부럽지 않은 최고의 맛집이었다. 컵라면과 과일로 배를 채운 뒤 능선 사거리를 향해 내려갔다. 맞은편에서 오는 등산객들과 "안녕하세요." , "안산하세요." 인사를 주고받았다.

능선 사거리에서 좌측으로 깎아지른 듯 가파른 계단을 200m 올라 오늘의 마지막 봉우리인 사자봉에 다다랐다. 뷰만

큼은 앞선 상왕봉이나 백학봉보다 이곳 사자봉이 시원했다. 저 멀리 장성호도 보였다. 아직 끝나지 않은 우리말 겨루기 퀴즈를 주고받으며 하산을 시작했다.

길고 긴 하산길의 끝에서 크고 작은 돌탑이 즐비한 터를 만났다. 일곱 살은 주위를 두리번거리며 큰 돌과 작은 돌을 주워왔다.

"제일 큰 돌은 아빠 돌, 그다음은 엄마 돌, 그리고 서진이 돌, 그리고 서하 돌. 우리 가족 완성!"

그러고는 눈을 감고 두 손을 가지런히 모았다. 잠시 후 눈을 뜬 아들에게 물었다.

"소원 빌었어? 무슨 소원 빌었어?"

말 없이 싱긋 미소 짓는 아들의 뒤를 쫓으며 우린 함께 백양사로 향했다.

오늘은
엄마도 동생도
모두 함께!

"시간 참 빠르네. 벌써 다음 주면 5월이야."

"맞다! 아빠! 우리 이번 어린이날에는 서하랑 엄마도 함께하기로 했잖아!"

"그럼, 올해는 꼭 네 식구 함께 보내자. 뭘 하면 좋을까? 굴업도는 이미 다녀왔고……."

"백패킹 가야지! 이제 서하도 걸을 수 있잖아! 서하는 내가 잘 챙길게!"

오빠의 말을 들은 둘째는 연신 "나두~ 나두~ 가치 가."라며 아빠와 오빠를 번갈아봤다.

조용히 우리의 말을 듣던 아내는 '설마 두 살 아이를 데리고 진짜로 백패킹을 가려는 건 아니겠지.'라는 표정으로 고개를 가로저었다.

23년의 어린이날은 주말로 이어지는 금요일이다. 어디로든 떠나기 참 좋은 연휴다. 하지만 5월 5일은 어딜 가도 적잖게 붐빈다. 그래서 우린 5월 6일 토요일을 타깃했다. 목적지는 '트레킹 온 아일랜드'. 줄여서 '트온아'라고 불리는 이곳은 강원도 춘천의 남이섬에서 예약제로 운영하는 유료 백패킹 프로그램이다. 남이섬의 남이나루 선착장에서 1km 남짓한 거리의 자작나무 숲에 펼쳐지는 자연 친화적인 이색 캠핑존. 섬 내 이동 거리가 멀지 않아 백패킹뿐 아니라 캠핑 왜건 한 대로 이동 가능한 미니멀 캠퍼들도 종종 찾는다고 한다. 반신반의하던 아내도 아들의 바람에 결국 응하기로 했다.

지난 며칠은 마치 한여름처럼 더위가 기승을 부리더니, 어린이날을 하루 앞둔 목요일부터는 전국에 비구름이 가득했다. 우리가 남이섬으로 출발하는 날까지도 비구름은 계속 이어졌다. 남이섬 주차장에 도착할 무렵 빗줄기가 가늘어졌지만, 여전히 비가 보슬보슬 땅을 적셨다. 네 식구 모두 방수 재킷을 입고 배낭을 둘러멨다. 나는 85L를, 아내와 아들은 각각 40L를, 그리고 두 살 둘째는 자신의 기저귀가 든 작은 아기 배낭을 등에 메었다. 내리는 비에도 불구하고 우산을 들거나 우비를 입고 배에서 내리고 타는 관광객이 제법 있었다.

아들은 엄마와 함께 동생의 손을 잡고 배에 올랐다. 배에 탑승한 일곱 살은 창가 앞 의자에 자리를 잡고 동생이 앉을 자리를 내어주었다. 오빠 바라기 둘째는 오빠 옆에 나란히 앉았다.

"서하야, 오늘 우리가 가는 건 백패킹이야. 배에서 내려서 오빠 손잡고 같이 걸어가는 거야. 오빠가 알려줄 테니깐 믿고 따라오면 돼! 알겠지?"

과연 아들의 말을 이해한 걸까. 27개월의 동생은 연신 고개를 끄덕거리며 "응~ 응."이라고 답했다.

남이나루 선착장에 도착해 오른편으로 이어지는 강변 산책로를 따라 걸었다. 다행히 비는 소강상태에 접어들었다. 선착장부터 트온아까지는 약 800m. 성인 걸음이라면 10분 남짓 소요될 거리고, 일곱 살의 걸음으로도 15분이면 도착할 거리다.

"서하야. 넌 아직 못 넘어가니까, 옆으로 돌아서 가야 해. 자 봐."

물웅덩이가 앞을 가로막자 아들이 나서서 동생의 길라잡이 역할을 했다. 나라면 둘째를 번쩍 안아서 물 건너편에 내려주었을 텐데, 일곱 살은 동생에게 장애물을 비켜가는 법을 알려주었다. 두 살은 그런 아들을 따라 걸었다.

오빠의 지혜는 거기서 끝이 아니었다. 슬슬 다리가 아픈지, 양손을 뻗으며 '안아줘'라고 말하는 둘째. 그때 아들이 저만치 앞으로 뛰어가더니 두 팔을 벌리며 동생을 불렀다. 망설임 없이 오빠에게 달려가서 안긴 동생에게 오빠가 다정하게 말했다.

"서하야. 오늘 우리가 텐트 치는 데까지는 힘들어도 조금만 참고 오빠랑 걸어가볼까? 할 수 있지?"

같은 말을 나나 아내가 했다면 고개를 도리도리 흔들며 떼를 썼을 둘째는 신기하게도 아들의 한마디에 다시 길을 걷기 시작했다.

"어 저기다! 아빠 저기 텐트가 여러 개 보여!"

고즈넉한 자작나무 숲 안쪽으로 알록달록한 텐풍이 눈에 들어왔다.

"다 왔다, 서하야. 도착이다! 아빠, 서하 체어부터 꺼내줘!"

트레킹 온 아일랜드는 오후 3시부터 이튿날 오전 11시까지 운영된다. 트온아로 운영되는 동안에는 백패킹 구역임을 알리는 가이드라인이 생기고, 분리수거를 위한 배출함이 비치된다. 텐트는 운영시간 내에 설치와 철수를 해야 한다. 대신 운영시간보다 일찍 도착하면 배낭으로 자리를 선점한 후 주변을 돌아볼 수 있고, 눈 또는 비가 내리는 날에는 타프 또는 쉘터를 먼저 설치해도 좋다는 사전 안내가 있었다. 우리가 도착했을 땐 이미 텐트 설치가 가능한 'Trekking on Island' 띠를 두른 백패킹 존 운영시간이었다.

언제라도 비가 다시 내릴 것 같은 하늘이었다. 갑작스레 쏟아질지 모를 비를 대비해 먼저 타프를 설치했다. 고기 한 근 무게도 채 되지 않는 손바닥만 한 파우치에서 꺼낸 실타프siltarp는 네 식구에게 훌륭한 지붕이 되어주었다. 타프를 중심으로 좌우에 두 동의 2인용 텐트를 펼친 후, 타프 아래 옹기종기 모여 앉아 여유를 가졌다.

"와……! 드디어 아빠, 엄마, 서하까지 다 함께 왔다!"

"네 식구의 첫 출정! 오늘이 오기까지 2년이 걸렸네."

불현듯, 아들과 단둘이 덕유대야영장으로 캠핑을 갔던 날이 떠올랐다. 2년 전의 어린이날. 그때만 해도 둘째는 태어난 지 100일도 안 된 갓난쟁이였다. 그랬던 아기가 2년 만에 자신의 기저귀 가방을 등에 메고, 제 발로 제법 먼 거리를 걸었다.

"우아!"

트레킹 온 아일랜드의 하이라이트. 땅거미가 내려앉을 무렵, 하늘을 가득 메운 전구 장식에 불이 환하게 들어왔다. 탄성이 절로 나왔다. 불과 지난주만 해도 '이렇게 여름이 오는 건가?' 싶을 만치 더운 날의 연속이었는데, 계속된 비로 오늘은 날씨가 제법 서늘했다. 도톰한 옷을 걸쳐 입고 핫팩을 손에 쥔 네 식구는 첫째의 학교생활과 둘째의 어린이집 생활, 그리고 친구들의 소식을 나눴다. 밤 10시, 취침 시간을 알리듯 트온아를 밝히던 조명이 하나둘 빛을 잃어갔다. 아내와 둘째가 먼저 잠자리에 들었다. 아들과 둘이 남아 두런두런 이야기를 나눴다.

"네 식구 다 함께 오니까 어때 아들?"

"음…… 아무래도 내가 동생을 챙겨야 하니까 할 일이 많

"드디어 아빠, 엄마, 서하까지
다함께 왔다!"

아지긴 하네. 그래도 좋아! 엄마도 함께 와서 좋고, 우리 가족 모두 함께라서 기뻐!"

아빠와 엄마에게도 27개월 둘째를 챙기는 일은 쉽지 않다. 그저 힘과 체력으로 안거나 업고 다닐 수 있는 나이는 지났다. 흔히 '첫째만 한 둘째 없다'는 말이 우리 집 이야기가 될 줄은 몰랐다. 둘째는 비록 아직 표현은 서툴지만, 확고한 자기주장이 생겼고, 유순했던 오빠와는 달리 꽤나 고집이 있었다. 그런 동생을 살뜰히 보살펴준 일곱 살 아들이 문득 기특했고 또 고마웠다.

"혹시 내일 하고 싶은 거 있니, 아들? 오늘은 서진이가 서하를 돌보느라 애썼으니까, 내일은 아빠가 우리 서진이 원하는 걸 들어줘야겠다."

"음. 여기는 식당도 있고 카페도 있으니까, 내일 아침에는 빵이나 라면 말고 다른 거 사 먹고 싶어. 따듯한 거! 아 맞다, 아까 보니까 네 명 타는 자전거가 있던데, 그것도 타보고 싶어. 그리고 우리 다 같이 가족사진도 찍고 싶어, 아빠!"

"그래 좋아, 우리 따듯한 것도 먹고, 자전거도 타자! 그리고 다 같이 사진도 찍고!"

"아빠, 나 하나 더 얘기해도 돼?"

"그럼, 당연하지. 또 뭘 하고 싶어?"

"다음에도 그다음에도 어린이날마다 네 식구 함께 백패킹 가자! 서하가 아직은 어리니까, 산 말고 섬도 좋아!"

물안개가 자욱한 트레킹 온 아일랜드에는 공작과 타조의 울음소리가 메아리쳤다. 아늑한 텐트 안, 아들의 손을 잡고 잠에 들었다.

아이의 흥미를 돋울 코너 속의 코너

처음 일 년 동안은 함께 산에 올라 텐트를 치고 하룻밤을 보낸다는 것만으로도 충분히 설레고 즐거웠어요. 봄날의 푸릇함과 가을날의 알록달록함은 달랐고 여름날의 계곡과 겨울날의 설국은 천차만별이었죠. 온몸으로 만끽하는 사계절의 신비만으로도 늘 새롭고 즐거운 활동의 연속이었습니다. 하지만 같은 루틴이 반복되는 활동은 자칫 식상함을 야기할 수 있습니다. 특히나 사물의 변화를 빠르게 습득하며 새로운 재미를 쫓는 아이들에게는 이러한 무료함이 더 빨리 찾아오죠. 아이와 함께하는 백패킹의 목적이 오직 산행과 야영만은 아니었습니다. 자연이라는 공간 안에서 주변 환경과 자신의 관계를 알아가고 오감으로 자연과 교감하며 다양한 형태의 놀이 환경을 선사해주고 싶었던 거죠.

새로운 콘텐츠가 필요합니다. 백패킹이라는 환경에서 아빠와 아이가 함께 즐길 수 있는 놀이 콘텐츠! 코너 속의 코너가 필요합니다!

첫째, 계절과 환경에 맞는 놀이 도구를 생각해 봅니다.

거창한 놀이를 하자는 건 아니에요. 짊어지고 갈 수 있는 부피와 무게는 한계가 있고, 날씨의 제약도 있을 수 있습니다. 아이와 함께 즐길 수 있는 현실적인 콘텐츠를 고민해봅니다. 놀이를 통해 아이들이 자연에 대한 바람직한 인식과 태도를 갖출 수 있다면 더할 나위 없이 좋겠죠.

곤충을 좋아하는 아이라면 곤충채집망을 들고 메뚜기나 잠자리를 잡으러 갈 수도 있고, 도심에서는 찾기 힘든 사슴벌레나 장수하늘소를 찾아 모험을 떠날 수도 있을 겁니다. 박지가 강이나 바다 근처라면 짧은 낚싯대로 즐거운 낚시 놀이를 할 수 있고, 계곡에서는 작은 족대 하나로 훌륭한 고기잡이 놀이를 할 수 있지요. 잡은 곤충이나 물고기는 일정 시간 관찰 후 자연으로 돌려보내 줍니다. 흰 눈이 뒤덮인 겨울에는 신나는 눈썰매를 즐길 수도 있습니다. 운탄고도와 같은 임도나 선자령과 같이 탁 트인 자연은 천연 눈썰매장이죠. 눈썰매를 배낭 안에 담을 수는 없지만 배낭 바깥 면에 결속할 수 있습니다. 눈썰매를 타고 즐기는 백패킹! 아이뿐 아니라 어른도 설레지 않나요?

둘째, 아이와 함께 사계절 즐길 수 있는 테이블 놀이도 좋아요.

테이블 놀이란 보드게임과 카드놀이 등 좁은 실내에서 할 수 있는 다양한 놀이를 의미합니다. 이너 텐트 안에서 가능한 놀이죠. 일몰 후부터 일출 전까지는 주로 텐트 안에서 보내는 경우가 많습니다. 기온이 낮은 날이나 비가 내리는 날이면 텐트 안에서 머무르는 시간이 더 길어지죠. 사전 준비 없이 떠난 여정에서 이러한 시간은 자칫 불필요한 미디어 노출로 낭비될 수도 있습니다. 연신 '심심해'를 외치는 아이에게 유튜브와 넷플릭스 등 무궁무진한 미디어의 세계가 담긴 아빠의 스마트폰을 넘기게 되는 거죠.

아이의 발달에 맞는 보드게임부터 시작해 봅니다. 아무래도 부루마블과 같이 구성품이 많은 보드게임은 백패킹 환경에서 조금 무리일 수 있습니다. 저의 경우 어린 아들과 함께하기 진입 장벽이 낮은 카드 형태의 게임이 좋았습니다. 만 4세 무렵에는 직관적인 보드게임 '도블Dobble'이 좋았고, 수와 셈의 개념을 알게 된 만 5세 이후에는 '플레잉 카드'를 활용한 게임을 즐겼습니다. 숫자와 알파벳, 4가지 서로 다른 도형이 뒤섞인 플레잉 카드 게임은 지난 2년 동안 저와 아들의 매일 아침의 루틴이었어요. 만 6세부터는 슬리핑 퀸즈Sleeping Queens, 선물입니다Present, 에코몬 등 새로운 규칙의 게임을 즐겼습니다. 1박 2일을 꼬박 해도 질리지 않았어요. 체스, 장기, 오목 등 기물을 사용한 보드게임도 즐겨 합니다. 손바닥만 하게 접히는 게임판에 자석을 활용한 기물 덕에 바람이 부는 환경에서도 흔들림 없이 게임을 즐길 수 있었습니다.

셋째, 아이들의 연령에 맞는 놀이를 고민해 보세요.

내 아이의 연령과 수준에 맞춘 놀이는 부모가 잘 알 테죠. 하지만 간혹 둘 이상의 아이가 함께하는 경우도 생깁니다. 비슷한 또래 아이들이라면 비교적 수월할 테지만, 서로 다른 연령이라면 고민이 필요합니다. 가령 같은 초등학생이라고 할지라도 1학년과 6학년은 신체적으로나 정신적으로 현격히 차이가 납니다. 물론 자연에 방목된 아이들은 저마다의 방법으로 잘 어울려 놀기도 합니다. 하지만 공통된 목적을 달성하기 위한 놀이가 있다면 아이들은 조금 더 가까워질 수 있습니다.

나각산 모임을 준비하던 중 나이 차이가 제법 나는 네 명의 아이들이 함께할 놀이를 고민하던 저는 무게도 부피도 그리고 참여 인원수에서도 자유로운 전통 놀이인 윷놀이를 제안했습니다. 대성공이었습니다. 아이도 어른도 모두 하나가 되어 한참 동안 즐겁게 윷을 놀았습니다. 연날리기도 좋은 놀이가 되었습니다. 충남 홍성의 죽도 해변으로 열여섯 번째 백패킹을 갔던

날, 아빠와 아이가 한 팀이 되어 연을 날렸습니다. 어릴 적 날리던 방패연, 가오리연은 아니었어요. 요즘의 연은 작은 원통형 파우치에 담아 이동이 가능하고 손바닥만 한 얼레로 멀게는 300m까지도 날릴 수 있습니다. 아빠의 '풀어!', '감아!, '다시 풀어!'에 맞춰 리듬을 타며 모두 한마음으로 서해 바다 위 하늘을 가르는 연날리기를 즐겼습니다.

즐거운 콘텐츠는 아이들에게 새로운 POI(Point of Interest, 흥미 지점)가 됩니다. 아이들은 특정 사건을 키워드로 장소와 날씨 등 지난날을 기억하곤 합니다. 가령, 아들에게 있어서 '연날리기를 했던 산'은 여덟 명의 친구들과 함께했던 가을날의 영축산이고, '슬리핑 퀸즈를 했던 섬'은 봄날의 꽃섬 하화도입니다.

아이의 흥미를 돋울 코너 속의 코너는 자연과 함께 산행과 백패킹을 만끽하는 또 다른 즐거움이 됩니다!

아직 늦지 않았습니다

“정말 이상적인 모습이에요! 저희 아이는 아홉 살인데, 지금 시작하기엔 너무 늦었겠죠?”

“아드님의 여정을 보고 있자니, 제 아이에게 너무 미안하네요. 좀 더 어릴 적에 아이와 함께 걸으며 대화를 나눠봤으면 좋았을 텐데, 어느덧 아이가 초등 고학년에 접어들었어요.”

“또래의 아이를 키우고 있어요. 매번 올려주시는 글을 아이와 보며 ‘우리도 한번 해볼까?’ 다짐하다가, 얼마 전 아이와 함께 가까운 산으로 등산을 다녀왔답니다. 언젠가 백패킹도 꼭 도전해보고 싶어요!”

“세 살 된 아이를 둔 부모입니다. 아버님의 후기를 보며 언젠가 저도 아이와 함께 배낭을 메고 숲길을 걸어갈 그날을 꿈꾸고 있습니다."

온라인 커뮤니티에 기록한 아들과의 여정을 읽어주신 분들의 댓글 중 일부입니다.

이미 아이가 훌쩍 커버려 아쉽다는 부모부터 몇 년 후 함께 자연을 걷기를 희망한다는 어린 자녀의 부모까지, 지난 2년간 꽤 많은 분께서 공감을 해주셨습니다. 그리고 물으셨어요. '과연 우리 아이도 할 수 있을까요?'라고 말이죠.

저는 늘 '아직 늦지 않았다', '지금이 적기다.'라고 대답합니다. '늦었다고 생각할 때가 가장 빠른 때'라는 다소 진부한 옛말이 정답이라고 믿거든요. 하지만 평소 산행을 다녀보지 않았던 아이와 부모가 어느 부자의 경험담을 한 편 읽었다고 해서 하루아침에 야영 장비가 든 배낭을 메고 자연 속으로 나서기란 쉽지 않을 겁니다.

먼저 아이와 함께 걸어보라고 말씀드리고 싶습니다. 함께 숲길을 걸으며 엄마 아빠의 오감을 아이에게 오롯이 집중하는 시간을 선물해주세요. 요즘엔 어떤 놀이를 좋아하는지, 최근의 관심사는 무엇인지 친구들과 즐겨 하는 장난은 무엇인지, 등등 아이의 말에 귀 기울이고 아이의 눈높이에서 부모의 경험이나 일상을 공유해주는 것도 좋습니다.

물론, 함께 걷는 것과 자녀와 자연스러운 대화를 이어가는 것은 또 다른 장르입니다. 평소 대화가 많지 않은 관계라면 아이는 자신의 이야기를 귀담아듣고, 관심을 가져주는 엄마와 아빠에게 익숙해질 시간이 필요할 겁니다. 대화를 이어가는 기술도 필요합니다. 아이에게 "오늘 하루는 어땠어?"라거나 "학교에서는 별일 없었어?"와 같은 질문을 던진다면 대부분 아이들은 "재밌었어", "특별한 일은 없었어"로 목적어가 없는 대답을 하지요.

사실 제가 그랬습니다. 아이와 이런저런 하루 일과를 터놓고 주고받는 편한 아빠와 아들 사이가 되고 싶었지만, 현실은 그렇지 못했습니다. 가족과 공유하는 시간을 조금이라도 더 가지기 위해 매일 저녁 육상선수처럼 내달려 퇴근길에 올랐지만, 세종에서 서울로 장거리 출퇴근을 하는 아빠에게 아이와 함께 보낼 수 있는 절대 시간은 부족했습니다. 주중에는 겨우 늦은 저녁 식사 한 끼 함께하고 잠들기 바빴고, 이른 새벽녘 아들이 한참 꿈속을 헤메일 때 출근길에 올라야 했으니까요.

하지만 아들이 일곱 살인 지금은 그때와 다릅니다. 아이와 꽤 많은 대화를 나누는 아빠가 되었거든요. 아들의 이야기는 물론이고, 쉬는 시간에 뛰놀다가 넘어진 친구, 점심시간에 김치를 먹지 않는 친구, 며칠째 등교를 하지 못하고 있는 친구 이야기까지, 시시콜콜한 일상을 공유합니다. 그 덕분에 아이 친구 부모들과 만나는 자리나 담임 선생님과의 면담에 갈 때면 아이와 소통하는 이상적인 아빠가 되었다는 우쭐함에 어깨를 으쓱하곤 합니다.

아이와 함께 배낭을 메고 자연으로 떠난 덕분입니다.

백패킹을 시작할 무렵, 전 아이의 반 친구들 이름을 외웠습니다. 아이의 입을 통해 듣는 친구들의 특징을 메모하고, 아이가 친구 얘길 할 때면 기억하고 맞장구를 쳐주었어요. 그리고 "즐거운 하루 보냈어?"라는 막연한 질문을 던지기보다 조금 더 구체적으로 물었습니다. 이를테면, '학교에서 먼저 인사를 나눈 친구는 누구'인지, '활짝 웃었던 순간은 언제'인지, '너의 말을 귀담아듣는 친구는 누구'며 '재미난 행동이나 이야기를 했을 때 제일 먼저 반응해주는 친구는 누구'인지를 묻는 거죠.

처음에는 단답형으로 친구의 이름만 얘기하던 아들은 차츰 긴 문장으로 말문을 열기 시작했습니다. 학교 책놀이터(도서관)에서 재혁이와 정우를 만났고, 뒤이어 이안이와 아린이를 교실에서 만났다고 했어요. 하지만 제일 먼저 인사를 나눈 건 등교길에 만난 지엘이었대요. 아들의 말을 귀담아듣는 친구는 방과 후 보드게임 수업 시간에 만난 시영이였고, 함께 웃어주는 친구는 곧 서울로 전학을 간다는 태호였답니다. 오늘 마지막으로 인사를 나눈 친구는 '키가 큰' 엄마와 함께 하교하는 윤서였다며 묻지도 않은 내용을 먼저 알려주기도 합니다.

대화를 주고받던 중 새소리와 풀벌레 소리, 예쁜 야생화나 귀여운 곤충을 만날 때면 걸음을 멈추고 귀를 기울이거나 관찰하기도 합니다. 아이의 발걸음을 사로잡은 자연물은 훌륭한 배움의 원천이자 또 다른 대화거리가 되죠. 자연스러운 화제의 전환입니다. 저 역시 동심으로 돌아가 어릴 적 기억의 한

편에 깃들어 있는 추억을 떠올려봅니다. 대수롭지 않은 기억의 조각이지만 아빠의 어린 시절 철없던 에피소드는 아이에게 새로운 공감대를 형성해주기도 합니다.

그리 어렵지 않습니다. 걷다가 지칠 때면 함께 쉬고 목이 마를 땐 물을 나눠 마시며 서로를 응원하고 용기를 북돋워주며 걷는 겁니다.

아직 늦지 않았습니다. 아이와 함께 걸어보세요.